AF391028

LE

CALCUL DES ÉCOLES RURALES

ET DES CLASSES D'ADULTES

Paris. — Imprimerie Édouard Blot, rue Turenne, 66

LE

CALCUL DES ÉCOLES RURALES

ET DES

CLASSES D'ADULTES

OU

PROBLÈMES SUR L'AGRICULTURE, L'ÉCONOMIE DOMESTIQUE

L'ÉCONOMIE RURALE, L'INDUSTRIE, ETC., ETC.

PAR

P.-P. NIOCEL

—

LIVRE DE L'ÉLÈVE

—

PARIS

LAROUSSE ET BOYER, LIBRAIRES-ÉDITEURS

49, RUE SAINT-ANDRÉ-DES ARTS, 49

—

1866

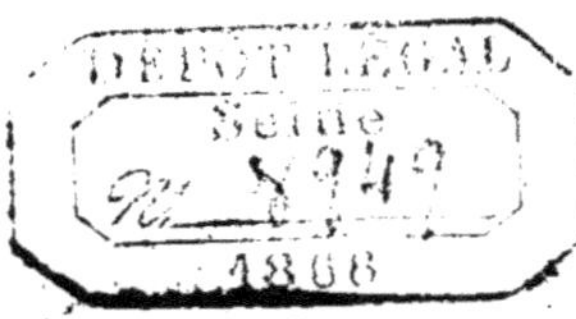

AVERTISSEMENT

Le plan du *Calcul des écoles rurales*, etc., nous a été inspiré par les instructions du Conseil académique de Bordeaux, dont voici un extrait : « On ne saurait trop insister sur les recom-
« mandations de ne donner aux élèves que des *problèmes*
« *usuels*, portant sur les *denrées*, les *marchandises*, les *pro-*
« *ductions du pays*, et, en général, sur les *objets qu'ils*
« *connaissent*, et d'accompagner toujours ces problèmes des
« explications nécessaires pour qu'ils soient bien compris des
« élèves, dont le travail serait rendu plus *difficile* et moins
« *profitable*, s'ils n'avaient une *idée exacte* des objets et des
« quantités indiqués, etc. »

Pénétré de ces vérités, nous n'avions qu'à nous conformer à ces instructions et à mettre en ordre les divers problèmes pratiques que nous avons recueillis pendant une carrière de quinze années dans l'enseignement public.

L'ouvrage se divise en deux parties. Dans la première, qui a pour titre : *Explication théorique du Calcul*, nous nous sommes borné à des définitions simples, sacrifiant quelquefois à la clarté les trop longues et trop savantes définitions qui fatiguent les élèves sans laisser souvent aucune trace dans leur esprit.

C'est avec intention que nous avons donné en toutes lettres, dans la numération parlée, les quatre-vingt-dix-neuf premiers nombres, afin d'en apprendre les noms et l'ortho-graphe aux élèves; il suffit d'ajouter à ces nombres les noms des centaines, des mille, des millions, des billions ou milliards et d'indiquer comment, par l'intercalation des premiers nombres entre les centaines, on compose les nombres intermédiaires de cent à mille, etc., pour que l'élève puisse lui-même comprendre la formation des nombres et les écrire, depuis cent jusqu'à mille, et, par analogie, de mille à dix mille, de dix mille à un million, d'un million à un billion. D'ailleurs, le maître, pour l'enseignement de cette partie du calcul, suivra l'ordre des exercices qui accompagnent l'exposé de la numération.

Dans un ouvrage pratique, nous aurions voulu supprimer les *fractions ordinaires*; mais il aurait fallu alors faire usage des proportions pour résoudre la plus grande partie de nos problèmes, et l'on sait que cette résolution est difficile, routinière et comprise par très-peu de personnes.

Au contraire, la solution des problèmes par la *méthode, dite de l'unité*, est à la portée des enfants et de toutes les intelligences, et peut s'appliquer dans tous les cas; c'est pour cette raison que nous avons donné la théorie complète des fractions ordinaires, sur lesquelles repose cette solution.

Nous n'avons parlé des règles de trois que pour mémoire, parce que cette expression a dû disparaître dès qu'on a introduit dans l'enseignement la méthode unitaire. Cela ne veut pas dire que ces règles n'existent plus, car toute question comprenant trois termes connus, simples ou composés, et un terme inconnu, est une règle de trois. Mais à quoi bon employer aujourd'hui une expression surannée, vraie autrefois, lorsque ces espèces de règles étaient traitées par les proportions?

La seconde partie, le *Calcul appliqué au système métrique*, est la plus importante. Les questions les plus usuelles sur l'agriculture, l'économie domestique et rurale, l'industrie, etc., ont été traitées dans cette partie; c'est, en un mot, la *pratique du calcul*.

Quoique les données de ces questions n'aient rien d'absolu, il est bon de faire remarquer qu'elles ont été puisées aux meilleures sources, et que la plus grande partie sont le fruit de l'expérience de l'auteur ou d'autres personnes compétentes qui ont bien voulu le seconder de leur utile concours. Ces questions, qui n'ont rien de hasardé, peuvent devenir d'un emploi général, soit en diminuant, soit en augmentant les chiffres du fait fondamental.

Le *Calcul des Écoles rurales et des Classes d'adultes* s'adresse non-seulement, comme semble l'indiquer son titre, aux élèves de nos écoles, mais encore aux propriétaires cultivant par eux-mêmes, ou faisant cultiver par autrui, et à toutes les personnes qui s'occupent de la construction des bâtiments ruraux.

Nous espérons que le *Calcul des Écoles rurales* est appelé à rendre d'importants services à l'enseignement des classes populaires. S'il était accueilli favorablement par les amis des habitants des campagnes, nous le ferions suivre de la *Comptabilité des Écoles rurales*, ouvrage qui serait le complément indispensable du premier ; car, il ne faut pas se le dissimuler, le calcul doit être dirigé en vue de la comptabilité, et la raison finale du calcul, c'est la *comptabilité*.

P.-P. Niocel.

ABREVIATIONS

m.	signifie . . .	mètre.
dm. décam.	— . . .	décamètre.
hm. hectom.	— . . .	hectomètre.
km. kilom	— . . .	kilomètre.
mym.	— . . .	myriamètre.
mq.	— . . .	mètre carré.
a.	— . . .	are.
ha.	— . . .	hectare.
ca.	— . . .	centiare.
mc.	— . . .	mètre cube.
dc. décim. cub.	— . . .	décimètre cube.
l. lt.	— . . .	litre.
dl.	— . . .	décalitre.
hl.	— . . .	hectolitre.
kl.	— . . .	kilolitre.
f. fr.	— . . .	franc.
gr.	— . . .	gramme.
dg.	— . . .	décagramme.
hg.	— . .	hectogramme.
kg.	— . . .	kilogramme.
P.	— . . .	problème.
+.	— . . .	plus.
—.	— . . .	moins.
=.	— . . .	égale.
×.	— . . .	multiplié par.
: ou — (entre deux nombres). . . .	— . . .	divisé par.

CHIFFRES ROMAINS ET CHIFFRES ARABES

I.	II.	III.	IV.	V.	VI.	VII.	VIII.	IX.	X.	XI.	etc.,	XX.
j.	ij.	iij.	iv.	v.	vj.	vij.	viij.	ix.	x.	xj.	etc.,	xx.
1.	2.	3.	4.	5.	6.	7.	8.	9.	10.	11.	etc.,	20.

XXX.	XL.	L.	LX.	LXX.	LXXX.	XC.	C.	CC.	CCC.
xxx.	xl.	l.	lx.	lxx.	lxxx.	xc.	c.	cc.	ccc.
30.	40.	50.	60.	70.	80.	90.	100.	200.	300.

CCCC.	D.	DC.	DCC.	DCCC.	DCCCC.	ou	CM.	M.,	etc.
cccc.	d.	dc.	dcc.	dccc.	dcccc.	ou	cm.	m.,	etc.
400.	500.	600.	700.	800.	900.		—	1000,	etc.

CALCUL DES ÉCOLES RURALES

ET DES CLASSES D'ADULTES

PREMIÈRE PARTIE *

EXPLICATION THÉORIQUE DU CALCUL

CHAPITRE PREMIER

PRÉLIMINAIRES

1. — **Arithmétique.** — L'Arithmétique est la science des nombres.

2. — **Calcul.** — Le calcul est l'arithmétique appliquée.

3. — **Unité.** — L'unité est un.

4. — **Nombre.** — On appelle nombre *une unité* ou la réunion de *plusieurs unités de même espèce.*

Exemples. — 1 *franc,* 4 *mètres,* 30 *kilogrammes.*

5. — Le nombre est dit *entier,* quand il est composé d'unités entières.

Exemples. — *Dix, cent, trois cent dix.*

6. — Le nombre est dit *fractionnaire,* lorsqu'il est composé d'*unités et de parties égales d'unité.*

Exemple. — *Vingt francs cinq centimes.*

(*) Pour le calcul mental, voir la *Petite Encyclopédie du jeune âge* de M. Larousse, — ou le *Calcul oral* de Mlle Juranville.

7. — Le nombre est appelé nombre *fraction*, quand il est formé seulement de parties égales d'unité.

EXEMPLE. — *Cinquante centimes.*

Ordinairement, le nombre *fraction* s'appelle simplement *fraction*.

8. — On appelle nombre *concret*, celui dont les unités sont déterminées.

EXEMPLES. — *Vingt francs, trente-cinq litres.*

6. — Le nombre *abstrait* est celui dont les unités ne sont pas déterminées.

EXEMPLES. — *Vingt, trente.*

10. — Il y a quatre opérations fondamentales dans l'arithmétique : l'ADDITION, la SOUSTRACTION, la MULTIPLICATION et la DIVISION.

11. — **Numération.** — La *numération* a pour objet de *former* les nombres, de les *exprimer* par des mots, et de les *représenter* par des signes, appelés *chiffres*. De cette définition, il résulte qu'il y a deux numérations : la *numération parlée* et la *numération écrite*, que nous allons exposer simultanément.

1° Série des unités simples.

Numération parlée. — Un, deux, trois, quatre, cinq, six,
Numération écrite. — 1,   2,   3,   4,   5,   6,
sept, huit, neuf.
7,   8,   9.

REMARQUE. — Il n'existe réellement que les neuf chiffres précédents ; mais pour que ces chiffres puissent représenter des *dizaines*, des *centaines*, des *mille*, etc., on a été obligé de créer un autre chiffre, appelé *zéro* (0). Ainsi, un zéro (0), deux (00), trois (000), quatre (0000), etc., placés à la droite d'un chiffre quelconque, font exprimer à ce chiffre une valeur dix fois, cent fois, mille fois, dix mille fois plus grande.

2° Série des dizaines d'unités.

12. — Dix (une dizaine), *onze, douze, treize, quatorze,*
    10,   11,   12,   13,   14,
quinze, seize, dix-sept, dix-huit, dix-neuf. — Vingt (deux
    15,   16,   17,   18,   19,   20,
dizaines), *vingt-un, vingt-deux, vingt-trois, vingt-quatre,*
    21,   22,   23,   24,
vingt-cinq, vingt-six, vingt-sept, vingt-huit, vingt-neuf. —
    25,   26,   27,   28,   29.
Trente (trois dizaines), *trente-un, trente-deux, trente-trois,*
    30,   31,   32,   33,
trente-quatre, trente-cinq, trente-six, trente-sept, trente-huit,
    34,   35,   36,   37,   38,
trente-neuf. — Quarante (quatre dizaines), *quarante-un,*
    39.   40,   41,
quarante-deux, quarante-trois, quarante-quatre, quarante-cinq,
    42,   43,   44,   45,
quarante-six, quarante-sept, quarante-huit, quarante-neuf.
    46,   47,   48,   49.
— Cinquante (cinq dizaines), *cinquante-un, cinquante-deux,*
    50,   51,   52,
cinquante - trois, cinquante - quatre, cinquante - cinq,
    53,   54,   55,
cinquante-six, cinquante-sept, cinquante-huit, cinquante-neuf.
    56,   57,   58,   59,
— Soixante (six dizaines), *soixante-un, soixante-deux,*
    60,   61,   62,
soixante-trois, soixante-quatre, soixante-cinq, soixante-six,
    63,   64,   65,   66,
soixante-sept, soixante-huit, soixante-neuf. — Soixante-dix
    67,   68,   69.   70,
(sept dizaines), *soixante-onze, soixante-douze, soixante-treize,*
    71,   72,   73,

soixante - quatorze ,   soixante - quinze ,   soixante - seize ,
      74,   75,   76,

soixante-dix-sept, soixante-dix-huit, soixante-dix-neuf.
     77,   78,   79.

— QUATRE-VINGTS (huit dizaines) ,   *quatre-vingt-un ,*
     80,   81,

quatre-vingt-deux, quatre-vingt-trois, quatre-vingt-quatre,
     82,   83,   84,

quatre-vingt-cinq, quatre-vingt-six , quatre-vingt-sept,
     85,   86,   87,

quatre-vingt-huit, quatre-vingt-neuf. — QUATRE-VINGT-DIX
     88,   89.   90,

(neuf dizaines), *quatre-vingt-onze, quatre-vingt-douze,*
                 91,   92,

quatre-vingt-treize, quatre-vingt-quatorze, quatre-vingt-quinze
     93,   94,   95,

quatre vingt-seize, quatre-vingt-dix-sept, quatre-vingt-dix-huit
     96,   97,   98,

quatre-vingt-dix-neuf.
     99.

3° Série des centaines d'unités.

13. — OBSERVATION. — Ici, il est essentiel de remarquer que les nombres précédents, de *un* (1) à *quatre-vingt-*
dix-neuf, s'intercalent (99), uniformément jusqu'à *mille,*
entre deux *centaines* consécutives, de la manière suivante :

CENT (une centaine), *cent un, cent deux,* etc., etc.,
    100,   101,   102,

cent quatre-vingt-dix-neuf. — DEUX CENTS (deux centaines),
     199.   200,

deux cent un, deux cent deux, etc., et en continuant toujours
    201,   202,

ainsi jusqu'à *neuf cent quatre-vingt-dix-neuf* (999).

4° Série des mille.

14. — Cette série se compose d'*unités de mille*, de *dizaines de mille* et de *centaines de mille*, comme la série des unités simples, d'*unités*, de *dizaines* et de *centaines*.

Entre deux unités de mille, on place les *neuf cent quatre-vingt-dix-neuf* (999) premiers nombres, et on a :

MILLE (unité de mille), *mille un, mille deux…, mille dix…,*
1 000, 1 001, 1 002, 1 010,
mille neuf cent quatre-vingt - dix - neuf. — DEUX MILLE,
1 999. 2 000,
deux mille un, deux mille deux,… deux. mille dix,…
2 001, 2 002, . 2 010,
deux mille cent,… deux mille neuf cent quatre-vingt-dix-neuf,
2 100, 2 999,
et ainsi de suite jusqu'à :

Neuf mille neuf cent quatre-vingt-dix-neuf.
9 999.

On ne fait pas autrement pour les *dizaines de mille* que pour les *dizaines d'unités* simples, c'est-à-dire qu'on met les *neuf mille neuf cent quatre-vingt-dix-neuf* nombres connus entre deux *dizaines de mille* consécutives :

DIX MILLE (une dizaine de mille), *dix mille un…,*
10 000, 10 001,
dix mille dix, dix mille onze,… dix mille cent,
10 010, 10 011, 10 100,
dix mille cent un,… dix mille cent onze,… onze mille,…
10 101, 10 111, 11 000,
vingt mille,… trente mille,…
20 000, 30 000,
quatre-vingt-dix-neuf mille neuf cent quatre-vingt-dix-neuf
99 999.

Comme pour les centaines d'*unités simples*, on place après chaque *centaine de mille* (100 000) les *quatre-vingt-*

dix-neuf mille neuf cent quatre-vingt-dix-neuf (99 999) nombres connus et on arrive à :

CENT MILLE (une centaine de mille), *cent mille un,...*
  100 000,   100 001,

cent mille onze,... cent mille cent,... cent un mille,...
  100 011,   100 100,   101 000,

cent dix mille,... etc.,
  110 000, etc.,

en suivant invariablement la même marche jusqu'à *neuf cent quatre-vingt dix-neuf mille neuf cent quatre-vingt-dix-neuf unités* (999 999).

5° Série des millions.

15. — Après ce dernier nombre, arrive la série des *millions* qui comprend les *unités de millions* (1 000 000), *deux millions* (2 000 000), etc., les *dizaines de millions* (10 000 000) et les *centaines de millions* (100 000 000). En plaçant après chaque *unité de millions* les *neuf cent quatre-vingt-dix-neuf mille neuf cent quatre-vingt-dix-neuf* (999 999) nombres déjà connus, on obtient tous les chiffres intermédiaires reliant entre elles les *unités de millions*; en mettant *neuf millions neuf cent quatre vingt-dix-neuf mille neuf cent quatre-vingt-dix-neuf* (9 999 999), entre deux *dizaines de millions* consécutives, on forme la série naturelle des nombres jusqu'aux *centaines de millions*, et en intercalant entre *deux centaines de millions* consécutives les *quatre-vingt-dix-neuf millions neuf cent quatre-vingt-dix-neuf mille neuf cent quatre-vingt-dix-neuf* premiers nombres (99 999 999), on continue cette série jusqu'à un *billion* ou *milliard* (1 000 000 000). Par un raisonnement analogue, il serait facile de pousser la série des nombres à l'infini; mais le *billion* ou *milliard* (ce dernier mot est plus employé, surtout en matière de finances) étant un chiffre qui sert de limites aux calculs pratiques les plus élevés, il ne sera pas parlé des *trillions*, des *quatrillions*, etc.

16. — **REMARQUE TRÈS-IMPORTANTE.** — Pour nous résumer, nous dirons que les nombres comprennent des *classes,* formées chacune de trois *ordres* : l'ordre des unités, l'ordre des dizaines et l'ordre des centaines. Le tableau suivant rendra cette remarque fort sensible.

1° Classe des *unités simples.* .
- 1° Ordre des *unités.*
- 2° Ordre des *dizaines.*
- 3° Ordre des *centaines.*

2° Classe des *mille.* . . . . . .
- 1° Ordre des *unités.*
- 2° Ordre des *dizaines.*
- 3° Ordre des *centaines.*

3° Classe des *millions.* . . . . .
- 1° Ordre des *unités.*
- 2° Ordre des *dizaines*
- 3° Ordre des *centaines.*

4° Classe des *billions.* . . . . .
- 1° Ordre des *unités.*
- 2° Ordre des *dizaines.*
- 3° Ordre des *centaines.*

17. — **Système décimal.** — Dans la numération, on doit remarquer que :

10 unités font	1	dizaine ;
10 dizaines	— 1	centaine ;
10 centaines	— 1	mille ;
10 mille	— 1	dizaine de mille ;
10 dizaines de mille	— 1	centaine de mille ;
10 centaines de mille	— 1	million ;
10 millions	— 1	dizaine de millions ;
10 dizaines de millions	— 1	centaine de millions ;
10 centaines de millions	— 1	billion ou milliard, etc.,

c'est-à-dire que DIX *fois un ordre quelconque vaut une unité de l'ordre immédiatement supérieur,* et, réciproquement, un ordre quelconque vaut DIX *fois l'ordre immédiatement inférieur.* Un exemple suffira pour faire saisir cette vérité :

Soit 2 222

1° Le chiffre 2 des unités pris *dix fois* (20 unités ou 2 dizaines) égale d'une manière exacte le chiffre 2 des dizaines ; *dix fois* le chiffre 2 des dizaines (20 dizaines ou 2 centaines) égale le chiffre 2 des centaines, et *dix fois* le chiffre 2 des centaines (20 centaines ou 2 mille) égale le chiffre 2 des mille.

2° Inversement : le chiffre 2 des mille vaut *dix fois* le chiffre 2 des centaines ; le chiffre 2 des centaines vaut *dix fois* celui des dizaines et celui des dizaines vaut *dix fois* celui des unités.

C'est le rapport DIX qui a fait donner à notre système de numération le nom de *système décimal* (*décimal* vient de *dix, déci*).

18. — Le chiffre *zéro* n'a aucune valeur par lui-même ; mais il est fréquemment employé pour remplacer les ordres manquants dans chaque classe ou bien les classes elles-mêmes. C'est ainsi que s'il était proposé d'écrire le nombre *deux mille dix unités*, on ferait usage de *deux zéros*, dont l'un remplacerait l'ordre des *centaines d'unités simples*, et l'autre, l'ordre des *unités simples*.

EXEMPLE. — 2 010.

Le nombre *cent mille* s'écrirait à l'aide de *cinq zéros* ; les deux premiers, à gauche, tiendraient la place des *dizaines de mille* et des *unités de mille*, et les trois autres, à droite, la place de la classe entière des *unités simples*.

EXEMPLE. — 100 000.

19. — Pour écrire facilement un nombre, il faut séparer, soit par un intervalle, soit par un point ou une virgule*, ses différentes classes, en commençant par écrire la classe la plus élevée ; pour le lire, il suffit, au contraire, de faire la même opération, mais en allant de droite à gauche. Ex : 12 405 620, *douze millions quatre cent cinq*

(*) Le mieux est de séparer par un intervalle, comme nous le faisons dans cet ouvrage, afin d'éviter toute confusion avec l'emploi de la virgule dans les nombres décimaux.

mille six cent vingt unités. On voit, par cet exemple, que la première tranche, à droite, est la tranche des *unités simples;* que la seconde tranche, à gauche, est celle des *mille;* que la troisième tranche, à gauche, est celle des *millions.* La tranche des *billions* occuperait le quatrième rang, à gauche.

APPLICATION.

Problème 1. — Écrire en chiffres les nombres de 101 à 296, en comptant de 5 en 5. Ex. : 101, 106, 111, etc.

P. 2. — Faire le même devoir de 202 à 497. Ex. : 202, 207, 212, etc.

P. 3. — Faire le même devoir de 503 à 798. Ex. : 503, 508, 513, etc.

P. 4. — Faire le même devoir de 804 à 999. Ex. : 804, 809, 814, etc.

P. 5. — Écrire en chiffres les nombres de 1001 à 3001, en comptant de 100 en 100.

P. 6. — Écrire en chiffres les nombres de 3 011 à 5 011, en comptant de 100 en 100.

P. 7. — Faire le même devoir de 5 111 à 7 111.

P. 8. — *Idem* de 7 020 à 9 020.

P. 9. — Écrire en chiffres les nombres de 10 002 à 50 002, en comptant de 1 000 en 1 000.

P. 10. — Écrire en chiffres les nombres de 50 000 à 52 000, en comptant de 50 en 50.

P. 11. — Écrire en chiffres les nombres de 52 000 à 100 000, en comptant de 500 en 500.

P. 12. — Écrire en chiffres les nombres de 100 000 à 1 000 000, en comptant de 10 000 en 10 000.

Représenter par des chiffres les nombres suivants :

P. 13. — Dix unités, — quinze unités, — cent unités, — cent trente unités, — quatre cents unités, — mille unités.

P. 14. — Mille unités, — cinq mille quatre cent dix unités, — huit mille sept cents unités.

P. 15. — Dix mille unités, — vingt mille quatre unités, — trente mille dix-neuf unités, — quarante mille neuf cent vingt-cinq unités, — soixante-quinze mille huit cent trois unités.

1.

P. 16. — Deux cent mille sept unités, — cinq cent mille trente-six unités, — six cent mille quatre cent quinze unités, — trois cent deux mille cinq cent vingt-six unités, — neuf cent quatre-vingt-trois mille six cent quarante-sept unités.

P. 17. — Trois millions, — quatre millions trois unités, — douze millions cinquante-sept unités, — quatre-vingts millions cent unités, — cinq cent un millions mille unités.

P. 18. — Quatre-vingt-douze unités, — cinq cent dix-neuf unités, — six mille huit unités, — neuf mille neuf cent quatre-vingt-dix-neuf unités.

P. 19. — Quinze mille trois cent dix unités, — soixante-dix-sept mille quatre unités, — quatre-vingt-douze mille trente-trois unités.

P. 20. — Cinq cent cinq mille cinq cent cinq unités, — trois cent vingt-huit mille vingt-huit unités, — six cent soixante-dix-neuf mille neuf cent sept unités.

P. 21. — Six cent sept millions quatre mille douze unités, — neuf cent dix-huit millions cent trente mille unités, — huit cents millions trois unités.

P. 22. — Sept billions, — quinze billions six cent mille unités, — deux cent deux billions cent mille seize unités, — quatre cent onze billions six cent trente-neuf unités.

Traduire en lettres les nombres suivants :

P. 23. — 19 — 207 — 799 — 1 020 — 3 700 — 8 099.

P. 24. — 25 010 — 66 903 — 80 000 — 72 925.

P. 25. — 400 500 — 317 040 — 707 100 — 919 777.

P. 26. — 6 000 000 — 7 000 003 — 4 000 100 — 8 009 007.

P. 27. — 12 008 240 — 27 301 019 — 33 033 033.

P. 28. — 45 304 506 — 95 950 950 — 84 801 417.

P. 29. — 500 015 500 — 117 403 104 — 705 412 000.

P. 30. — 675 992 078 — 724 427 319 — 900 015 018.

P. 31. — 4 004 004 004 — 18 103 204 305.

P. 32. — 520 025 033 400 — 475 000 055 045.

CHAPITRE II

LES QUATRE OPÉRATIONS FONDAMENTALES DU CALCUL

NOMBRES ENTIERS

ADDITION

20. — L'*Addition* est l'opération par laquelle on réunit plusieurs nombres de *même espèce* en un *seul*, appelé *somme*, *total* ou *résultat*. Ces nombres se placent les uns sous les autres verticalement et par ordres et classes de même rang.

Le signe de l'addition est une croix $+$ et s'énonce *plus*.

Deux traits horizontaux $=$ sont le signe de l'égalité. Ce signe s'énonce *égale*.

1er EXEMPLE. — Soit proposé de faire l'addition de 215 $+ 340 + 231$.

Il faut disposer ces nombres de la manière suivante :

OPÉRATION :

$$215$$
$$340$$
$$231$$

Somme : 786

L'opération se commence par la droite, c'est-à-dire par les unités simples. On dit : 5 unités (le zéro n'a aucune valeur) et une unité font 6 unités, nombre qu'on écrit au-dessous du trait tiré après le dernier nombre à additionner et sous la colonne des unités ; on passe à la colonne des dizaines : 1 dizaine et 4 dizaines font 5 dizaines, et 3 dizaines font 8 dizaines, qu'on écrit sous la colonne des dizaines ; — 2 centaines et 3 centaines font 5 centaines et 2 centaines font 7 centaines ; on écrit le chiffre 7 sous la colonne des centaines, et on trouve pour total 786 unités.

Mais presque toujours le total de chaque colonne donne un nombre supérieur à 9 ; dans ce cas, on écrit sous la colonne que l'on additionne le chiffre de droite du nombre trouvé et on retient le chiffre ou les chiffres de gauche du même nombre pour les additionner avec les chiffres de la colonne à gauche, qui suit immédiatement celle sur laquelle on opère.

Ainsi, de 10 à 19, on retient 1, de 20 à 30 on retient 2, de 100 à 200, on retient 10 ; en 1 000, on retiendrait 100, etc.

2ᵉ EXEMPLE. — Quelle est la somme des nombres 2 617, 5 624, 7 528, 3 289 ?

OPÉRATION :

2 617

5 624

7 528

3 289

―――――――

Somme : 19 058

En opérant comme ci-dessus, et en faisant usage du signe de l'addition, on obtient : $7+4+8+9$ font 28 ; c'est-à-dire 2 dizaines et 8 unités. On écrit les 8 unités sous la colonne des unités, et on retient les 2 dizaines, qu'on ajoute à la colonne des dizaines : 2 dizaines de retenue $+1+2+2+8$ font 15 dizaines, c'est-à-dire une centaine et 5 dizaines ; on écrit les 5 dizaines sous la colonne des dizaines, et on retient la centaine qu'on ajoute à la colonne des centaines : $1+6+6+5+2$ font 20 centaines, ou 2 unités de mille ; on écrit 0 sous la troisième colonne et on ajoute 2 unités de mille à la colonne des mille : $2+2+5+7+3$ font 19 mille. Comme il n'y a pas d'autres colonnes, on écrit le résultat trouvé, les 9 mille sous la colonne des unités de mille et la dizaine de mille, 1, à gauche des mille. La somme des quatre nombres donnés est donc de 19 058 unités.

Il n'est pas nécessaire qu'on ait toujours à additionner des nombres composés d'une même quantité de chiffres : l'addition se fait absolument comme dans les exemples précédents, quelle que soit la quantité des chiffres des nombres à ajouter.

21.—Preuve. — La preuve est une seconde opération qui sert à reconnaître l'exactitude de la première opération. Si les deux nombres obtenus par cette double opération sont identiques, il est presque certain qu'on a bien opéré. Dans le cas contraire, il faudrait recommencer l'o-. pération pour faire disparaître l'erreur commise la première fois. La preuve de l'addition consiste à *compter les chiffres de bas en haut, si, d'abord, on les a comptés de haut en bas.*

APPLICATION

P. 33. — Quelle est la somme des nombres : 2 512, 324, 518, 4 329 ?

P. 34. — Un propriétaire a récolté 2 050 litres de froment, 758 litres de seigle et 476 litres de maïs ; combien a-t-il récolté de litres en totalité ?

P. 35. — Un voyageur à pied a parcouru le lundi 44 kilomètres, le mardi, 41 kilom., le mercredi, 56 kilom., le jeudi, 60 kilom., le vendredi, 36 kilom., et le samedi, 45 kilom.; à quelle distance du point de départ s'est-il arrêté ?

P. 36. — Un ouvrier a économisé 50 fr. sur sa nourriture, 46 fr. sur ses vêtements, et 115 fr. sur le loyer de son habitation ; quelle est la somme de ses économies ?

P. 37. — Le fleuve la Loire a un parcours de 1 126 kilom.; la Seine en a un de 800 kilom., et la Garonne un de 590 kilom.; quelle est la longueur, bout à bout, de ces trois fleuves français ?

P. 38. — Une première bergerie se compose de 124 moutons et de 215 brebis, et une seconde bergerie, de 235 moutons et de 326 brebis; quel est le nombre total de ces moutons et de ces brebis?

P. 39. — Un négociant doit payer le lundi, 250 fr., le mardi, 917 fr., le jeudi, 4 229 fr., le vendredi, 3 507 fr.. et le samedi, 1 215 fr.; quel est le montant de ces payements?

P. 40. — Un locataire donne, pour son logement, 150 fr. par an; à son tailleur, 110 fr.; à son boulanger, 75 fr.; à son boucher, 156 fr., et au marchand de bois, 45 fr.; quelle est la somme qu'il dépense?

P. 41. — Paris a 1 696 141 habitants; Lyon, 292 721; Marseille, 219 984, et Bordeaux, 149 229; quelle est la population totale de ces quatre villes?

P. 42. — La France récolte 110 123 000 hectolitres de froment, 23 515 000 hectolitres de seigle, 15 108 000 hectolitres d'orge, et 8 000 100 hectolitres de maïs; quelle est la quantité de ces céréales?

P. 43. — L'année ordinaire se compose de douze mois ayant chacun un certain nombre de jours, savoir : janvier 31 jours, février 28 (29 tous les 4 ans), mars 31, avril 30, mai 31, juin 30, juillet 31, août 31, septembre 30, octobre 31, novembre 30, décembre 31. Combien l'année ordinaire compte-t-elle de jours? — Combien en compte l'année bissextile (elle arrive tous les 4 ans)?

P. 44. — Une cuisinière a acheté pour 12 fr. de viande de bœuf, 15 fr. de mouton, 8 fr. de porc et 26 fr. de graisse; combien a-t-elle payé?

P. 45. — Un charretier désire connaître la somme qu'il doit à son charron pour la fourniture d'une charrette, composée des articles suivants, savoir : deux roues ferrées, 42 fr.; un essieu, 15 fr.; limonière, 45 fr.; ranchers, 6 fr. Faire son compte.

P. 46. — Un fermier a récolté pour 878 fr. de froment, 715 fr. de seigle, 423 fr. de maïs et 1 297 fr. de vin. Quelle est la valeur de cette récolte?

P. 47. — Quel est le prix total de la fumure suivante : fumier de cheval, 25 fr.; fumier de vache, 34 fr.; fumier de porc, 28 fr.; fumier de moutons, 63 fr.?

P. **48**. — Un cheptel est composé de la manière suivante : deux bœufs estimés 730 fr.; une vache, 275 fr.; deux jeunes veaux, 115 fr.; une meule de foin, 540 fr.; cent bottes de paille, 31 fr.; calculer la valeur de ce cheptel.

P. **49**. — Adolphe a pris chez l'épicier quatre paquets de bougie qu'il a payés 5 fr.; un paquet de fécule, 7 fr.; quinze litres d'huile, 22 fr.; trois kilog. de lard, 6 fr., et deux kilog. de café, 6 fr. Combien a-t-il donné d'argent?

P. **50**. — La fumure en suie d'un hectare de prairie a coûté 8 fr., la culture, 6 fr. et le fanage, 17 fr.; à quel chiffre s'élève cette dépense?

P. **51**. — Un cochon coûtait 32 fr. d'achat; il a dépensé pour 15 fr. de son, pour 27 fr. de maïs et pour 17 fr. de pommes de terre. A combien revient-il à son propriétaire?

P. **52**. — Un propriétaire a vendu les immeubles suivants : un pré, 1 253 fr.; une terre, 928 fr.; un bois châtaignier, 1 105 fr., et une bruyère, 127 fr. Combien a-t-il reçu?

SOUSTRACTION

22. — La *soustraction* est l'opération qui a pour objet de retrancher un nombre d'un autre nombre de même espèce.

Le résultat de la soustraction s'appelle *reste, excès* ou *différence*.

23. — **1er Cas**. — *Les chiffres du plus petit nombre étant inférieurs aux chiffres correspondants du plus grand nombre.*

1er Exemple. — Trouver la différence des nombres 6 728 et 5 415.

L'opération se commence par la droite, et les nombres se disposent de la manière suivante, en observant que le nombre le plus grand se place au premier rang :

OPÉRATION :

$$6\ 728$$
$$5\ 415$$

Différence : 1 313

On opère ainsi: 8 unités moins 5 unités restent 3 unités, que l'on place sous la barre et sous la colonne des unités; 2 dizaines moins 1 dizaine reste 1 dizaine, que l'on écrit sous la colonne des dizaines; 7 centaines moins 4 centaines restent 3 centaines, que l'on écrit sous la colonne des centaines; 6 unités de mille moins 5 unités de mille reste 1 unité de mille que l'on place sous la colonne de ces mêmes unités. La différence demandée est donc de 1 313 unités.

21. — 2ᵉ Cas. — *La plupart des chiffres du plus petit nombre étant plus grands que les chiffres correspondants du plus grand nombre.*

2ᵉ Exemple. — Quel est l'excès du nombre 7 205 sur le nombre 4 328 ?

OPÉRATION :

$$7\ 205$$
$$4\ 328$$

Excès :   2 877

Opération.—Le chiffre 8 ne peut se retrancher du chiffre 5, puisqu'il est plus grand que ce dernier; il faut avoir recours à un artifice très-ingénieux, *qui consiste à ajouter 10 unités au chiffre 5, ce qui donne 15, et à retrancher ensuite 8 de ce nombre*, le reste 7 s'écrit sous la colonne des unités simples. Mais en augmentant le chiffre d'en haut de 10 unités, la différence a été augmentée de cette quantité : or, pour la ramener à sa juste valeur, il suffit d'augmenter le nombre d'en bas de 10 unités; c'est ce qui se fait en ajoutant *une dizaine* au chiffre des dizaines du nombre inférieur; 2 dizaines augmentées d'une dizaine font 3 dizaines, qui ne peuvent se retrancher de 0, tenant la place des dizaines du nombre supérieur. On ajoute 10 au chiffre zéro; 3 dizaines ôtées de 10 dizaines, restent 7 dizaines, qui se placent sous la colonne des dizaines ; 3 centaines et une centaine font 4 centaines, ôtées de 12 centaines, restent 8 centaines, qui s'écrivent sous la colonne des centaines ; par un raisonnement analogue, on doit retrancher 4 mille, augmentés de 1 mille, soit 5 mille, de 7 mille, et on trouve 2 mille pour reste, lesquels se placent sous la colonne de ces mêmes unités.

Le nombre 7 205 excède donc le nombre de 4 328 de 2 877 unités.

25. — Règle générale propre au second cas de la soustraction :

Toutes les fois qu'on ajoute 10 au chiffre du nombre supérieur, il faut ajouter 1 au chiffre du nombre inférieur qui est à gauche de celui sur lequel on opère.

26. — **Preuve.** — La preuve de la soustraction se fait par l'addition du plus petit nombre et du reste.

EXEMPLE :

$$765$$
$$436$$

Reste : 329

Preuve : 765

Si l'opération a été bien faite, comme dans le cas précédent, le plus petit nombre et le reste doivent reproduire le plus grand nombre.

27. — Dans la pratique, on désigne la soustraction par le signe —, qui s'énonce *moins*. Ainsi, ce signe placé entre ces nombres, 425 — 234, signifie que 234 doit être retranché de 425.

APPLICATION

P. 53. — Louis est né en 1830 ; quel âge a-t-il eu en 1864 ?

P. 54. — La Russie d'Europe a une superficie de 5 870 000 kilom. carrés, tandis que la France n'a que 527 700 kilom. carrés; quelle est la différence de superficie de ces deux puissances?

P. 55. — En 1801, la population de la France était de 27 349 003 habitants, et en 1861 elle a atteint le chiffre de 37 382 225; quel est le chiffre de l'accroissement de cette population pendant cette période?

P. 56. — Il y a en France, d'après le recensement de 1856, 20 051 528 habitants qui s'adonnent aux travaux de l'agriculture; quel est le nombre des habitants attachés aux autres professions, la population de la France étant à cette époque de 36 039 364 habitants?

P. 57. — Les routes impériales ont, en France, une longueur totale de 36 000 kilom. et les routes départementales de 45 627 kilom.; de combien de kilomètres les routes départementales surpassent-elles les routes impériales?

P. 58. — La valeur annuelle des produits minéraux français étant de 1 008 000 000 de francs et celle des végétaux de 3 372 000 000 de francs, quelle est la différence de ces deux valeurs et en faveur de quel produit est-elle?

P. 59. — La France produit annuellement 110 000 000 d'hectolitres de froment, tandis que l'Algérie n'en donne que 3 105 429; quelle est la différence de ces deux productions?

P. 60. — La valeur des exportations de France en Algérie atteint le chiffre de 132 123 805 fr., et la valeur des exportations d'Algérie en France, celui de 34 746 258 fr.; trouver la différence de ces deux nombres.

P. 61. — En 1855, il y a eu en France 889 559 naissances et 936 833 décès; de combien d'âmes la population a-t-elle diminué?

P. 62. — La population maritime de l'Angleterre peut être évaluée à 460 000 hommes, et celle de la France, à 90 000 hommes; quelle est la différence numérique de ces populations?

P. 63. — Un domaine, primitivement cultivé, suivant la routine, avait pour 7 512 fr. de terres cultivables, pour 8 215 fr. de prés, pour 5 097 fr. de bois de toute espèce; après cinq années de culture bien entendue, les terres ont été vendues 8 033 fr., les prés, 9 512 fr., et les bois, 6 050 fr. Dire le bénéée sur chaque nature de propriété et sur la propriété tout entière.

P. 64. — Sur 3 119 fr. qu'André avait empruntés, il a donné 475 fr. et 2 134 fr.; combien redoit-il?

P. 65. — Pour les planchers d'une nouvelle construction, il devait être employé 472 planches en chêne, 321 en châtaignier et 79 poutrelles. L'entrepreneur de cette construction n'a fourni que 367 planches de chêne, 295 planches de châtaignier et 39 poutrelles; quel est le complément qu'il doit fournir, tant en planches qu'en poutrelles?

P. 66. — Pour la couverture d'une maison, un tuilier doit fournir 4 524 tuiles creuses, et 230 tuiles plates pour l'entablement, mais il a livré seulement 3 214 tuiles creuses et 124 tuiles plates; combien doit-il encore de tuiles?

P. 67. — Combien reste-t-il à un propriétaire qui, sur 135 hectol. de froment, 210 hectol. de seigle et 475 hectol. d'avoine, a vendu 97 hectol. de froment, 178 hectol. de seigle et 299 hectol. d'avoine?

P. 68. — Un épicier avait en magasin 452 kilog. de sucre, 78 kilog. de café, 263 kilog. de savon et 2 315 kilog. d'huile; il a fait la vente de 72 kilog. de sucre, de 29 kilog. de café, de 108 kilog. de savon et de 798 kilog. d'huile. Que lui reste-t-il en magasin de chaque nature de marchandise?

P. 69. — Un marchand a donné à bail à cheptel deux veaux, dont l'un vaut 72 fr. et l'autre 78 fr.; au bout de six mois, le premier veau a été vendu 150 fr., et le second, 167 fr. Quel est le bénéfice net, sachant que les deux veaux ont dépensé 134 fr.?

P. 70. — Pour la nourriture d'un attelage de deux bœufs, il faut une provision de 8 368 kilog. de foin et 6 379 kilog. de paille; mais on n'a pu récolter que 6 499 kilog. de foin et 3 485 kilog. de paille. Quelles sont les quantités manquantes, tant en foin qu'en paille?

P. 71. — Un éleveur avait mis en réserve 4 500 kilog. de foin sec et 2 540 kilog. de pommes de terre pour la nourriture de deux jeunes veaux; mais ceux-ci ont dépensé seulement 3 675 kilog. de foin et 1 691 kilog. de pommes de terre; que reste-t-il de cette réserve?

P. 72. — La maçonnerie d'une maison coûte 3 218 fr., la menuiserie, 4 517 fr., la charpenterie, 459 fr., et la serrurerie, 395 fr. — Payerait-on avec 10 000 fr.? — Que resterait-il de cette somme?

MULTIPLICATION

28. — La *multiplication* est l'opération par laquelle on répète un nombre plusieurs fois, — ou, d'une manière plus générale, — c'est l'opération qui a pour but de répéter un nombre appelé *multiplicande* autant de fois qu'il y a d'unités dans un autre nombre appelé *multiplicateur*, pour en former un troisième appelé *produit*.

29. — Le *multiplicande* est le nombre multiplié et le *multiplicateur* est le nombre par lequel on multiplie. Le multiplicateur se place sous le multiplicande, suivant l'ordre des unités, dizaines, centaines, etc.

1ᵉʳ EXEMPLE. — Soit proposé de multiplier 42 par 9.

OPÉRATION :

Multiplicande : 42
Multiplicateur :   9
____
Produit: 378

Solution. — L'opération se commence par la droite, et l'on dit : 9 fois 2 unités font 18 unités; on écrit 8 unités sous le 9 et on retient une dizaine pour l'ajouter aux dizaines du produit; 9 fois 4 dizaines font 36 dizaines, et 1 dizaine de retenue font 37 dizaines, qu'on écrit à gauche du chiffre 8 des unités.

Le produit de ces deux nombres est donc 378 unités.

30. — A ce point de vue, la *multiplication est une addition abrégée*. En effet, multiplier 42 par 9, c'est répéter 42 neuf fois, ou simplement écrire 42 neuf fois sous lui-même, et puis en faire l'addition :

$$
\begin{array}{r}
42 \\
42 \\
42 \\
42 \\
42 \\
42 \\
42 \\
42 \\
42 \\
\hline
\end{array}
$$

Résultat : 378, parfaitement identique au produit de la multiplication ci-dessus.

2ᵉ EXEMPLE. — *Multiplier* 425 *par* 28.

L'opération se dispose de la manière suivante :

OPÉRATION :

$$
\begin{array}{lr}
\text{Multiplicande :} & 425 \\
\text{Multiplicateur :} & 28 \\
\hline
& 3\ 400 \\
& 8\ 50 \\
\hline
\end{array}
$$

Produit : 11 900

On multiplie le nombre 425 par 8, comme il a été dit dans l'exemple précédent ; le produit de cette multiplication partielle donne le nombre 3 400. Il reste encore à multiplier 425 par les chiffres des dizaines du multiplicateur ; ce chiffre vaut 2 dizaines ou 20 unités ; multiplier 425 par 2, c'est donc comme si on multipliait ce nombre par 20. Le produit de la multiplication donne 8 500 unités ou 850 dizaines ; ce dernier nombre s'écrit sous 3 400, de manière que les dizaines soient sous les dizaines, les centaines sous les centaines, etc., du premier produit, ce qui revient à reculer d'un rang vers la gauche les chiffres du second produit partiel. Les deux produits partiels additionnés donnent le produit général : 11 900.

En thèse générale, lorsque le multiplicateur est formé de plusieurs chiffres, il faut écrire le premier chiffre, à droite, de chaque produit partiel sous le chiffre du multiplicateur qui a servi à le former.

31. — Voici le signe de la multiplication : $\times$ ou un point; il s'énonce *multiplié par*.

32. — Pour multiplier un nombre entier par 10, 100, 1 000, 10 000, 100 000, 1 000 000, etc., ou pour le rendre ce même nombre de fois plus grand, il suffit d'ajouter 1, 2, 3, 4, 5, 6, etc., zéros à sa droite.

En effet, soit 24 à multiplier par 10; en opérant comme il est expliqué ci-dessus, on trouve au produit 240, c'est-à-dire 24 et zéro ajouté à sa droite; par la même raison, $24 \times 100 = 2\,400$; $24 \times 1\,000 = 24\,000$, etc.

33. — Lorsqu'on a des zéros à la droite du multiplicande ou du multiplicateur, ou à ces deux termes en même temps, on peut, si cela paraît convenable, multiplier entre eux les chiffres significatifs et ajouter à la droite de leur produit tous les zéros qui suivent l'un des facteurs ou les deux facteurs.

34. — On appelle *facteurs du produit* le multiplicande et le multiplicateur.

35. — Preuve. — La preuve de la multiplication n'offre rien de difficile : on change l'ordre des facteurs, c'est-à-dire que le multiplicande devient le multiplicateur et *vice versâ*, et on effectue ensuite l'opération.

Voici la preuve de la multiplication précédente :

OPÉRATION :

Multiplicande :   28

Multiplicateur : 425

———

140

56

11 2

———

Produit : 11 900

36. — De la preuve de la multiplication, on peut conclure que *le produit de deux facteurs ne change pas lorsqu'on intervertit l'ordre de ses facteurs.* En effet, $4 \times 8 = 32$, comme $8 \times 4 = 32$; $12 \times 15 = 180$, comme $15 \times 12 = 180$. Il en est de même quand on intervertit l'ordre de plusieurs facteurs. Ex.: $2 \times 3 \times 4 = 24$, et $4 \times 2 \times 3 = 24$; $2 \times 4 \times 5 \times 6 = 360$, et $5 \times 6 \times 3 \times 4 = 360$.

Table de Pythagore.

1	2	3	4	5	6	7	8	9
2	4	6	8	10	12	14	16	18
3	6	9	12	15	18	21	24	27
4	8	12	16	20	24	28	32	36
5	10	15	20	25	30	35	40	45
6	12	18	24	30	36	42	48	54
7	14	21	28	35	42	49	56	63
8	16	24	32	40	48	56	64	72
9	18	27	36	45	54	63	72	81

Pour faire usage de cette table, il suffit, lorsqu'on veut connaître le **produit de deux nombres composés** chacun d'un seul chiffre, de chercher le multiplicande dans la première ligne horizontale et le multiplicateur dans la première ligne verticale à gauche, et de suivre ces deux lignes jusqu'à leur rencontre; le nombre du point de rencontre sera le produit cherché.

EXEMPLE. — *Quel est le produit de* 6×8?

Ce produit est 48. En effet, prenant pour multiplicande le chiffre 6 de la première ligne horizontale de la table et le chiffre 8 de la première ligne verticale, et suivant ces deux lignes jusqu'à leur rencontre, on arrive au nombre 48, qui est le produit demandé.

APPLICATION

P. 73. — Rendre 10, 100, 1 000, 10 000, 100 000, 1 000 000, 10 000 000 et 100 000 000 de fois plus grands les nombres 1, 2, 3, 4, 5, 6, 7, 8, 9.

P. 74. — Quel est le produit de 12×100, de $25 \times 1\,000$, de $48 \times 10\,000$, de $115 \times 100\,000$?

P. 75. — Une personne consomme 300 litres de froment par année; combien faudrait-il de litres pour nourrir 50 personnes dans le même temps?

P. 76. — Un kilomètre vaut 1 000 mètres; quelle est la distance en mètres parcourue par une locomotive qui a franchi une longueur de 132 kilom.?

P. 77. — Le franc vaut 100 centimes; quelle est la valeur en centimes de 10 fr., de 20 fr., de 50 fr. et de 100 fr.?

P. 78. — Un cheval dépense 10 litres d'avoine par jour; quelle sera sa dépense par semaine, par mois, par an?

P. 79. — Le sou a une valeur de 5 centimes; combien valent de centimes 10 sous, 100 sous, 1 000 sous?

P. 80. — Un mètre d'étoffe a coûté 8 fr.; quel serait le prix de 132 mètres de la même étoffe?

P. 81. — Un décagramme pèse 10 grammes; déterminer le poids en grammes d'un morceau de sucre qui pèse 542 décagrammes.

P. 82. — L'are valant 100 mètres carrés, trouver la valeur de 2 510 ares.

P. 83. — Un bœuf consomme 12 kilog. de foin par jour; quelle est sa dépense au bout d'une semaine de 7 jours, d'un mois de 30 jours et d'une année de 365 jours?

P. 84. — Un ouvrier maçon gagne 2 fr. par jour; combien par semaine? combien par an, l'année étant composée de 52 semaines?

P. 85. — Calculer le gain du problème précédent, en comptant l'année de 365 jours. — Quelle différence existe-t-il entre ces deux manières de compter?

P. 86. — Un aubergiste a acheté 3 douzaines d'assiettes à potage et 14 assiettes à dessert; combien a-t-il payé, chaque assiette lui coûtant 4 sous? Exprimer la somme en sous et ensuite en centimes.

P. 87. — Une bonne vache laitière donne 15 litres de lait par jour; quelle serait la valeur du lait qu'elle produirait en 20 jours, le litre de lait étant vendu 4 sous? Exprimer cette valeur en sous et en centimes.

P. 88. — Antoine a vendu pour 3 fr. de lapins; combien a-t-il reçu de sous? Combien ces sous valent-ils de centimes?

P. 89. — Le jour se compose de 24 heures, l'heure de 60 minutes et la minute de 60 secondes; combien de minutes et de secondes en un jour, — en une semaine?

P. 90. — Janvier, mars, mai, juillet, août, octobre et décembre comptent chacun 31 jours; avril, juin, septembre et novembre, chacun 30 jours, et février 28 jours; combien de jours dans une année?

P. 91. — Quelle est la somme de la vente suivante : 45 mètres de toile d'étoupes à 2 fr. le mètre; 27 mètres d'étoffe à 3 fr. le mètre; 18 mètres de droguet à 3 fr. le mètre?

P. 92. — L'avoine pèse en moyenne 45 kilog. l'hectolitre, et vaut 9 fr.; quels seraient le poids et la valeur de 135 hectol. d'avoine?

DIVISION

37. — La *Division* est l'opération par laquelle on cherche combien de fois un nombre est contenu dans un autre, — ou, d'une manière plus générale, la *division* est une opération qui a pour but, — le produit de deux facteurs étant connu ainsi qu'un de ces facteurs, — de trouver le facteur inconnu.

38. — On appelle *dividende* le nombre qui est divisé, *diviseur* le nombre par lequel on divise, et *quotient* le résultat de l'opération.

EXEMPLE. — *Combien de fois le nombre 3 est-il contenu dans 963?*

Les nombres se disposent de la manière qui suit, et, contrairement à ce qui a été fait pour les trois premières opérations, on commence la division par la gauche, c'est-à-dire par les chiffres qui représentent les unités les plus élevées.

OPÉRATION :

```
Dividende 963 | 3    Diviseur.
          9   |
          ___ | 321  Quotient.
           06
            6
          ____
           03
            3
          ____
            0
```

On opère ainsi : en 9 centaines, combien de fois 3 ?
— 3 fois; le chiffre 3 s'écrit sous la ligne placée au-dessous du diviseur; on multiplie le diviseur 3 par le chiffre 3 du quotient, et on obtient le produit 9; ce produit s'écrit sous les 9 centaines du dividende, ensuite on effectue la soustraction, qui donne 0 pour reste; — à la droite du reste 0, on écrit le chiffre 6, dizaines du dividende, puis on cherche combien de fois le nombre 6 contient le diviseur 3; 3 est contenu 2 fois dans ce nombre; — 2 se place à la droite du chiffre 3 du quotient; on multiplie le diviseur par ce chiffre et on retranche le produit 6 du nombre 6; le reste est zéro; à la droite de ce second reste, on abaisse le chiffre 3 des unités, qu'on divise par 3; 3 divisé par 3 donne 1, qu'on écrit à la droite de 32, quotient partiel; — 3 × 1 = 3, qu'on place sous le chiffre 3; 3 ôté de 3 donne pour reste 0. — Le résultat cherché est donc 321, nombre qui exprime d'une manière exacte combien de fois le nombre 3 est contenu dans 963.

39. — La division est une soustraction abrégée. En effet, s'il était proposé de chercher le quotient de 20 divisé par 5, on pourrait soustraire 5 quatre fois de 20 et de ses restes successifs, et le nombre des soustractions indiquerait le quotient demandé.

EXEMPLE :

$$
\begin{array}{rr}
 & 20 \\
1^{re} - & 5 \\
\hline
 & 15 \\
2^e - & 5 \\
\hline
 & 10 \\
3^e - & 5 \\
\hline
 & 5 \\
4^e - & 5 \\
\hline
 & 0
\end{array}
$$

40. — Il arrive le plus souvent que les restes des soustractions sont représentés, dans la division, non par zéro (0), mais par des chiffres significatifs, comme, par exemple, dans la question suivante :

Combien de fois le nombre 986 contient-il le nombre 4 ?

OPÉRATION :

$$
\begin{array}{rl|l}
\text{Dividende} \quad 986 & & 4 \quad \text{Diviseur.} \\
\phantom{\text{Dividende} \quad 9}8 & & \overline{} \\
\cline{1-1}
\phantom{\text{Dividende} \quad 9}18 & & 246 \quad \text{Quotient.} \\
\phantom{\text{Dividende} \quad 9}16 & & \\
\cline{1-1}
\phantom{\text{Dividende} \quad }026 & & \\
\phantom{\text{Dividende} \quad 9}24 & & \\
\cline{1-1}
\phantom{\text{Dividende} \quad 9}02 & &
\end{array}
$$

Le diviseur 4 est contenu 2 fois dans le chiffre 9 des centaines du dividende ; 2 s'écrit au quotient sous le chiffre 4, et le produit de 2 par 4, ou 8, retranché de 9, donne pour reste une centaine ou 10 dizaines, à la droite de laquelle on abaisse le chiffre 8 des dizaines ; 10 dizaines et 8 dizaines font 18 dizaines, qui contiennent 4 fois le diviseur 4 ; on écrit 4 à droite du chiffre 2 du quotient, on multiplie ensuite le diviseur 4 par 4 et on retranche le produit 16 de 18 ; le reste 2, à la droite duquel on abaisse le chiffre 6 des unités, donne 26, et 26 contient 4, diviseur, 6 fois ; le chiffre 6 s'écrit à la droite de 24, quotient partiel ; en multipliant le diviseur 4 par 6, on forme le produit 24, lequel retranché de 26 donne 2 pour reste.

11. — Le diviseur peut être composé de plus d'un chiffre, et le reste de la division peut être exprimé par un ou plusieurs chiffres significatifs, et c'est le cas le plus ordinaire.

Soit proposé de trouver combien de fois le nombre 205 est contenu dans 12 523.

OPÉRATION :

```
Dividende   12 523 | 205 Diviseur.
            12 30  |‾‾‾‾‾‾‾‾‾‾‾‾‾‾
            ‾‾‾‾‾‾ | 61  Quotient.
            00 223
               205
            ‾‾‾‾‾‾
               018
```

Dans cette opération, il faut prendre sur la gauche du dividende quatre chiffres pour que le diviseur puisse être contenu au moins une fois dans le nombre formé de ces chiffres. 1 252 contient 205, diviseur, 6 fois au plus ; le produit de ces deux nombres, 1 230, ôté de 1 252, donne pour reste 22 dizaines ou 220 unités ; à la droite de ce reste, on abaisse le chiffre 3 et on forme le nombre 223, lequel contient le diviseur 1 fois ; 205, multiplié par 1, produit 205, qui, retranché de 223, donne pour reste 18 unités. Ce reste final, étant plus petit que le diviseur, indique que le chiffre du quotient n'est ni trop grand ni trop petit ; mais ce reste pourrait ne pas être exact, c'est ce qui va être vérifié par la preuve de la division.

42. — Preuve. — La preuve de la division s'établit en faisant le produit du diviseur par le quotient et en ajoutant le reste, s'il en existe un, à ce produit ; cette opération doit donner rigoureusement le dividende.

Preuve de la 1re division ci-dessus : $3 \times 321 = 963$.

—   2e — $4 \times 246 + 2 = 986$.

—   3e — $205 \times 61 + 18 = 12\,523$.

43. — Observation. — Le reste de toute division peut être réduit en *dixièmes, centièmes, millièmes*, etc., et donner des *dixièmes*, des *centièmes*, des *millièmes*, etc., au quotient, comme il sera expliqué à la division des nombres décimaux.

44. — La division s'indique par un trait horizontal ou par 2 points placés entre le dividende et le diviseur.

Ex. — *Diviser 484 par 4.*

1re INDICATION :	2e INDICATION :
Dividende : 484	
$\dfrac{484}{4} = 121.$	$484 : 4 = 121.$
Diviseur : 4	

APPLICATION

P. 93. — Le kilomètre valant 1 000 mètres, on désirerait savoir combien il y a de kilomètres dans le contour de la terre, ce contour étant de 40 000 000 de mètres ?

P. 94. — Sachant que la lieue de poste vaut 4 kilomètres, déterminer en lieues de poste la longueur du contour de la terre (p. 93).

P. 95. — Un père de famille veut partager une somme de 72 824 francs entre ses 8 enfants ; quelle somme recevra chacun de ses enfants ?

P. 96. — On a employé 28 ouvriers pour creuser 756 mètres de fossés ; combien chaque ouvrier a-t-il fait d'ouvrage ?

P. 97. — En 60 jours, 2 bœufs ont consommé pour leur nourriture 1 500 kilogrammes de foin ; quelle a été leur dépense journalière ?

P. 98. — Une vache, en 45 jours, a donné 360 litres de lait ; combien en a-t-elle produit par jour ?

P. 99. — Une famille composée de 12 personnes a panifié 2 808 litres de blé ; quelle est la quantité à attribuer à chaque membre de cette famille ?

P. 100. — La pièce de 5 francs pesant 25 grammes, combien y a-t-il de ces pièces dans 6 175 grammes d'argent monnayé ?

P. 101. — Pour l'alimentation de 52 ménages, composés du même nombre de personnes, il a fallu 37 960 kilogrammes de viande en une année ; quelle est la dépense journalière de chaque ménage, la viande valant 1 franc le kilogramme ?

P. 102. — 3 bœufs pesant ensemble 825 kilog. ont été vendus pour le service de la boucherie ; quel est le poids de chaque bœuf ?

P. 103. — La couverture en tuiles creuses d'une maison a 120 mètres superficiels et compte 4 800 tuiles ; combien le mètre carré contient-il de tuiles ?

P. 104. — Le plancher en chêne d'un grenier a une surface de 49 mètres carrés et coûte 196 fr. ; quel est le prix : 1° d'un mètre carré ? — 2° de 4 mètres carrés ?

P. 105. — Une récolte de 46 hectolitres de seigle et de 27 hectol. de froment a été estimée, savoir : le seigle, 552 fr. et le froment, 540 fr. ; quel est le prix de l'hectolitre de seigle et de l'hectolitre de froment ?

P. 106. — Le seigle du problème précédent pèse 3 266 kilog. et le froment 2 025 kilog. ; quel est le poids de l'hectolitre de seigle et de l'hectolitre de froment ?

P. 107. — Un chargement d'avoine pèse 2 250 kilog. ; quelle est la valeur de cette avoine, l'hectolitre pesant 45 kilog. et valant 8 fr. ?

P. 108. — 25 moutons pesant ensemble 875 kilog. ont été vendus à un boucher à condition que le vendeur déduira pour déchet 18 kilog. par chaque mouton ; quel est le poids sur pied de chaque mouton, et quel est le poids de sa viande, déchet déduit ?

P. 109. — 15 hectares de prairie ont fourni une récolte de 28.125. kilog. de foin ; quel est le revenu par hectare ?

P. 110. — Un vigneron a vendu 48 hectolitres de vin, récolte de 1865, 720 fr.; quel est le prix de la barrique de 2 hectolitres ?

P. 111. — Pour 96 mètres carrés de plafond, il a été payé 192 fr.; quel est le prix : 1° d'un mètre carré ?— 2° de 4 mètres carrés ?

P. 112. — On a employé à la fumure d'une terre 25 mètres cubes de fumier, pesant 18 750 kilog.; quel est le poids d'un mètre cube ?

CHAPITRE III

NOMBRES DÉCIMAUX ET FRACTIONS DÉCIMALES.

PRÉLIMINAIRES

45. — On appelle nombre *décimal* celui qui est composé d'*unités entières* et d'une *fraction* dont les parties croissent ou décroissent de *dix* en *dix*.

EXEMPLES : $4^f,55$; $12^m,25$.

La partie entière est séparée de la partie décimale par une *virgule*.

46. — On appelle *fraction décimale* un nombre formé seulement de *parties égales* d'unité, de manière que ces parties croissent ou décroissent de *dix* en *dix*.

EXEMPLES : $0^f,50$; $0^m,45$.

47. — Dans toute fraction décimale, la *partie entière* est remplacée par un zéro, comme l'indiquent les deux exemples du numéro précédent.

48. — La lecture des fractions décimales n'offre rien de difficile ; le tableau suivant en donne la clef. Le zéro, écrit à gauche et avant la virgule, tient, ainsi qu'il vient d'être dit, la place de la partie entière.

0,1 — un dixième ;

0,01 — un centième ;

0,001 — un millième ;

0,0001 — un dix-millième ;

0,00001 — un cent-millième ;

0,000001 — un millionième, etc.

Ainsi donc les *dixièmes* sont placés immédiatement à droite de la virgule ; les *centièmes*, au 2e rang après la virgule ; les *millièmes*, au 3e rang ; les *dix-millièmes*, au 4e rang ; les *cent-millièmes*, au 5e rang ; les *millionièmes*, au 6e rang, etc.

Soit proposé de lire le nombre décimal 24,425.

On énonce d'abord les 24 entiers, qu'on fait suivre du nom de chaque partie décimale :

EXEMPLE : 24 *entiers*, 4 *dixièmes*, 2 *centièmes*, 5 *millièmes*.

Mais si l'on considère, dans le nombre proposé, que
4 *dixièmes* valent........ .... 400 *millièmes*,
que 2 *centièmes* valent.................... 20 *millièmes*,
et que 5 *millièmes* valent................ 5 *millièmes*,

on obtiendra pour total de la partie décimale 425 *millièmes*, et le nombre pourra s'énoncer 24 *entiers* 425 *millièmes*, lecture la plus en usage.

49. — Dans la notation des parties d'une fraction décimale, si un chiffre significatif quelconque vient à manquer, on le remplace par un zéro.

EXEMPLES : 10ᶠ,05 ; 0ᵐ,004 millimètres.

APPLICATION

Écrire en lettres les nombres qui suivent :

P. 113. — 24,1 ; — 105,02 ; — 1 215,003 ; — 23 421,0004 ; — 418 529,00005 ; — 6 017 028,000006 ; — 57 000 802,0000007 ; — 675 405 302,00000008.

P. 114. — 5,12 ; — 26,252 ; — 328,4521 ; — 2 439,54123 ; — 92 605,532146 ; — 705 432,6412357 ; — 1 006 005,78321469.

P. 115. — 75,405 ; — 238,3057 ; — 4 508,40325 ; — 12 429,321045 ; — 705 439,2780145 ; — 6 472 392,98765027.

P. 116. — 809,3457 ; — 12 539,43752 ; — 320 500,384023 ; — 2 525 419,2304057 ; — 53 601 421,45020138.

P. 117. — 0,1 ; — 0,02 ; — 0,003 ; — 0,0004 ; — 0,00005 ; — 0,000006 ; — 0,0000007 ; — 0,00000008.

P. 118. — 0,12 ; — 0,123 ; — 0,1234 ; — 0,12345 ; — 0,123456 ; — 0,1234567 ; — 0,12345678.

P. 119. — 0,321 ; — 0,4321 ; — 0,54321 ; — 0,654321 ; — 0,7654321 ; — 0,87654321.

P. 120. — 0,3254 ; — 0,45306 ; — 0,543021 ; — 0,6542107 ; — 0,75204368.

P. 121. — 0,10205 ; — 0,200356 ; — 0,3400207 ; — 0,40235789.

P. 122. — 4,3040 ; — 18,600 ; — 125,040 ; — 212,050200 ; — 3 401,00100.

50. — REMARQUE. — *Un ou plusieurs zéros placés à la droite d'un nombre décimal ou d'une fraction décimale ne changent nullement la valeur de ces nombres.* C'est ainsi que 4^r,2, *quatre francs deux décimes,* a la même valeur que 4^r,20, *quatre francs vingt centimes.*

51. — De là, il est facile de déduire qu'on *peut retrancher le zéro ou les zéros qui terminent une fraction décimale sans altérer la valeur de cette fraction.*

2.

Écrire en chiffres les nombres suivants :

P. 123. — Deux entiers un dixième; — vingt-un entiers cinq centièmes; — quatre cent trente-sept entiers cent vingt-cinq millièmes.

P. 124. — Soixante-douze entiers vingt-deux centièmes; — deux cent cinq entiers cent vingt-cinq millièmes; — quatre mille cinq entiers cinq mille deux cent douze dix-millièmes.

P. 125. — Cinq cent quatre-vingt-douze entiers neuf cent quarante-cinq millièmes; — six mille soixante-quinze entiers sept mille quatorze dix-millièmes; — sept mille sept entiers huit mille quatre cent cinq cent-millièmes.

P. 126. — Six mille huit cent quatre unités neuf mille douze dix-millièmes; — dix-sept mille cent vingt-trois unités vingt-trois mille cent cinq cent-millièmes.

P. 127. —· Vingt-neuf mille sept cent huit entiers quatre-vingt-cinq mille cinq cent trente-deux cent-millièmes; — cent cinq mille soixante-quatorze entiers quatre cent mille sept cent cinq millionièmes.

P. 128. — Dix-neuf millions sept cent six mille huit cent quatre-vingt-dix-huit unités cinquante-deux millionièmes; — quatre cent quatorze millions trente-deux mille unités quatorze dix-millionièmes.

P. 129. — Sept cent sept unités douze mille cinq cent vingt-huit cent-millionièmes; — dix-neuf mille neuf cent dix unités quatre cent onze dix-millièmes.

P. 130. — Soixante-cinq mille sept cent dix-sept unités douze mille six cent neuf cent-millièmes; — cent une unités cent deux cent-millièmes.

P. 131. — Quatre cent soixante-six mille entiers cinq dix-millièmes; — huit entiers cent cinq mille six cent sept millionièmes.

P. 132. — Huit dix-millionièmes;— quinze cent-millièmes; —soixante-onze cent-millionièmes; — quatre dix-millionièmes.

P. 133. — Mille soixante et onze unités vingt-millièmes; — onze cent onze dix-millièmes.

ADDITION

des nombres décimaux et des fractions décimales.

52. — L'addition des nombres décimaux et des fractions décimales se fait comme celle des nombres entiers, en observant de placer les virgules les unes sous les autres et les dixièmes sous les dixièmes, les centièmes sous les centièmes, les millièmes sous les millièmes, etc.

EXEMPLE.—*Quelle est la somme totale des nombres décimaux ci-après :* 104^f,2 ; — 221^f,05 ; — 4 028^f,75 ; — 9^f,7?

OPÉRATION :

$$
\begin{array}{r}
104^f,2 \\
221\ ,05 \\
4\ 028\ ,75 \\
9\ ,7 \\
\hline
\end{array}
$$

Total....   4 363^f,70

L'opération, commencée par les centièmes, donne un résultat de 4 363^f,70. Au total, on a écrit une virgule sous la colonne des autres virgules des nombres proposés, pour séparer la partie entière de la partie décimale.

AUTRE EXEMPLE. — *Faire la somme des nombres* 0^m,8, — 0^m,05, — 0^m,009, — 0^m,25, — 0^m,417.

OPÉRATION :

$$
\begin{array}{r}
0^m,8 \\
0\ ,05 \\
0\ ,009 \\
0\ ,25 \\
0\ ,417 \\
\hline
\end{array}
$$

Total....   1^m,526

A la seule inspection de cette opération, on comprendra sans peine comment s'effectuent et cette addition et les additions analogues.

APPLICATION

P. 134. — Trois pièces d'étoffe ont, savoir : la première, $42^m,8$; la deuxième, $75^m,25$ et la troisième, $37^m,05$; quelle est la longueur de ces trois pièces ?

P. 135. — Un marchand mercier a vendu à crédit les articles suivants : quatre douzaines de miroirs ronds, $16^f,80$; seize kilogrammes de coton, $70^f,50$; cent dix mètres de ganse, $5^f,50$; quel est le montant de la facture ?

P. 136. — Un propriétaire a récolté $24^{hl},25$ de froment, $72^{hl},75$ de seigle, $37^{hl},05$ de maïs, $128^{hl},33$ d'avoine et $205^{hl},15$ de pommes de terre ; quel est le total de cette récolte en hectolitres et en litres ?

P. 137. — Quel est le total de $4^{kg},500$; — $18^{kg},415$; — $72^{kg},25$; — $212^{kg},9$?

P. 138. — Quelle est l'étendue superficielle de quatre pièces de terre dont la première a $25^a,93$; la deuxième, $75^a,05$; la troisième, $29^a,15$, et la quatrième, $9^a,85$?

P. 139. — Un marchand tailleur a acheté $12^m,25$ de drap ; $8^m,85$ de toile ; $18^m,42$ de doublure et $25^m,35$ de toile de coton ; à combien de mètres s'élève son emplette ?

P. 140. — Un colon a vendu pour $315^f,25$ de froment, pour $78^f,15$ de seigle et pour $105^f,20$ de maïs. A quelle somme s'est élevée cette vente ?

P. 141. — Une propriété a donné $40\,650^{kg},250$ de foin et $12\,625^{kg},500$ de regain ; quel est le poids total de ce fourrage ?

P. 142. — Un ouvrier a économisé $12^f,05$ sur le travail de la semaine, $0^f,75$ sur ses menus plaisirs ; quel est le total de ses économies ?

P. 143. — Une personne charitable a fait l'aumône à un vieillard auquel elle a donné $1^f,05$; à une femme infirme qui a reçu $0^f,95$ et à un jeune enfant à qui elle a donné $0^f,75$; quelle est la somme que cette personne a distribuée ?

P. 144. — Une lingère a acheté 15^m,25 de toile de coton qui lui ont coûté 19^f,05 ; 8^m,25 de toile de Rouen, 20^f,65 ; 4^m,75 de calicot, 6^f,15, et 0^m,90 de toile cretonne, 1^f,15 ; combien a-t-elle reçu de mètres et combien a-t-elle payé au marchand ?

P. 145. — On a payé 3^f,85 pour 25^{lt},5 de seigle, 2^f,15 pour 10^{lt},75 de froment et 7^f,20 pour 53^{lt},25 de maïs ; combien a-t-on reçu de litres et combien a-t-on payé ?

P. 146. — Pour 4^f,25, on a eu 3^{ks},5 de fromage, pour 18^f,35, on a eu 12^{ks},25 d'huile à brûler, et pour 7^f,25, on a reçu 5^{ks},25 de chandelle de suif ; quel poids a-t-on reçu et quel argent a-t-on donné ?

P. 147. — Un cafetier a reçu 13^{ks},50 de café pour 40^f,50 et 17^{ks},55 de sucre pour 26^f,35 ; combien a-t-il reçu de kilogrammes et combien a-t-il payé ?

P. 148. — Une cuisinière a eu 2^{ks},27 de bœuf pour 3^f,20, 0^{ks},75 de veau pour 0^f,90 et 2^{ks},50 de mouton pour 3^f,50 ; quel poids a-t-elle eu et qu'a-t-elle payé au boucher ?

P. 149. — Une terre de 45^a,45 a produit 6^{hl},80 de froment qui ont été vendus 142^f,80 ; une seconde terre, de l'étendue de 23^a,15, a produit 3^{hl},60 de seigle d'une valeur de 47^f,60, et une troisième terre de 33^a,33 a donné une récolte de 9^{hl},35 d'avoine, d'une valeur de 65^f,45 ; trouver la surface ensemencée, le produit en hectolitres de cette surface et la valeur totale de la récolte ?

SOUSTRACTION

des nombres décimaux et des fractions décimales.

53. — La soustraction des nombres décimaux et des fractions décimales s'exécute absolument comme celle des nombres entiers, avec ces observations essentielles qu'il faut placer les nombres de manière que les virgules se correspondent verticalement et *que le plus grand nombre ait, au moins, autant de chiffres décimaux que le plus petit nombre* ; ajouter, à cet effet, s'il le faut, *un* ou *plusieurs zéros*. Il arrive des cas où le plus grand nombre n'a pas de chiffres décimaux (Ex. 3e) ; alors il faut écrire à sa droite un nombre de zéros égal à celui des chiffres décimaux du plus petit nombre.

1er EXEMPLE. — *Quelle est la différence des nombres 425,28 et 317,75?*

OPÉRATION :

$$425,28$$
$$317,75$$

Différence :   107,53

2e EXEMPLE. — *Que resterait-il de la fraction décimalé 0,275, si on en retranchait 0,18?*

OPÉRATION :

$$0,275$$
$$0,18$$

Reste :   0,095

3e EXEMPLE. — *Sur une somme de 24 francs, il a été pris 4f,25 ; que reste-t-il encore?*

OPÉRATION :

$$24^f,00$$
$$4,25$$

Reste :   19f,75

La preuve de ces trois opérations s'obtiendrait, comme celle des nombres entiers, en faisant l'addition du plus petit nombre et du reste.

APPLICATION

P. 150. — Une corde a une longueur de 42 mètres; que restera-t-il de cette corde si on en coupe une partie de 12m,75 de longueur?

P. 151. — Une terre de 78ª,15 a été diminuée de 19ª,08; quelle est sa contenance actuelle?

P. 152. — Un pain de sucre du poids de 5ᵏˢ,500 a perdu par l'humidité et l'évaporation 0ᵏˢ,750; quel est aujourd'hui son poids réel?

P. 153. — Une caisse de savon pèse brut 105 kilog.; la tare étant de 15ᵏˢ,250, quel est le poids net du savon?

P. 154. — Sur 95ˡᵗ,25 d'eau-de-vie, il a été pris 18ˡᵗ,80; que reste-t-il encore?

P. 155. — Une barrique de vin contenait 225 litres; il en a été extrait 118ˡᵗ,25; combien reste-t-il de vin dans cette barrique?

P. 156. — Un voyageur avait à parcourir une distance de 92 kilomètres; le premier jour, il s'est arrêté après un trajet de 45ᵏᵐ,600; que lui reste-t-il encore à parcourir?

P. 157. — Un litre d'eau distillée pèse 1 kilog., tandis que le litre d'huile d'œillette ne pèse que 0ᵏˢ,610; de combien de grammes l'eau pèse-t-elle plus que l'huile d'œillette?

P. 158. — Une première règle a 2 mèt. de longueur et une seconde a 1ᵐ,275; quelle est leur différence en longueur?

P. 159. — Une tailleuse avait à doubler une étoffe de 2ᵐ,40 de longueur, et elle n'a acheté que 1ᵐ,95 de doublure; combien lui en manque-t-il?

P. 160. — Une récolte présumée de 135 hectol. de pommes de terre avait été vendue 305ᶠ,80; mais, après vérification, on n'a trouvé que 132ʰˡ,50 qui ont été payés 297ᶠ,10; à combien d'hectolitres s'élève l'erreur commise, et quelle est la valeur de ces hectolitres?

P. 161. — On s'était engagé à livrer 132 litres de lait pour 26ᶠ,40; on a fait une première livraison de 94ˡᵗ,50 pour 18ᶠ,90; combien reste-t-il de lait à livrer et quel est le prix de ce lait?

P. 162. — Un ouvrier maçon devait faire un mur de 42ᵐ,75 de longueur, moyennant la somme de 128ᶠ,15; pendant le cours des travaux, il lui a été payé un à-compte de 100ᶠ,50 pour 33ᵐ,50 de mur; que reste-t-il à faire et quel en est le prix?

P. 163. — Placés à intérêts, 4 250 fr. produisaient 212ᶠ,50;

mais il a été prélevé sur ce capital une somme de 1 417ᶠ,40, dont l'intérêt est de 70ᶠ,87 ; combien le prêteur recevra-t-il pour la somme qui reste encore placée à intérêts, et combien ce reste produira-t-il d'intérêts ?

MULTIPLICATION

des nombres décimaux et des fractions décimales.

54. — La multiplication des nombres décimaux et des fractions décimales ne se fait pas d'une autre manière que celle des nombres entiers, mais il faut tenir compte des remarques suivantes :

1ʳᵉ REMARQUE. — *Il faut supposer que les virgules des deux facteurs n'existent pas ; alors la multiplication se présente sous la forme de celle des nombres entiers et s'effectue comme cette dernière ;*

2ᵉ REMARQUE. — Le produit, une fois obtenu, doit être modifié de cette manière : *on sépare, par une virgule et sur la droite du produit, autant de chiffres décimaux qu'en contiennent ses deux facteurs ;*

3ᵉ REMARQUE. — Pour multiplier un nombre décimal ou une fraction décimale par 10, 100, 1 000, 10 000, 100 000, 1 000 000, etc., il faut porter la virgule *d'un rang*, de *deux rangs*, de *trois rangs*, de *quatre rangs*, de *cinq rangs*, etc., vers la droite du nombre sur lequel on opère. Ici, le mot rang signifie chiffre.

Nota. — Un entier ou une unité vaut 10 dixièmes — 100 centièmes — 1 000 millièmes — 10 000 dix-millièmes — 100 000 cent-millièmes — 1 000 000 de millionièmes — 10 000 000 de dix-millionièmes — 100 000 000 de cent-millionièmes.

1er EXEMPLE. — *Quel est le produit de 25,32×8,15 ?*

OPÉRATION :

Multiplicande : 2532
Multiplicateur :   815
____
1 2660
2 532
202 56
____

Produit :   206,3580, soit 206 unités 3580 dix-millièmes. On pourrait laisser exister les virgules dans les deux fractions, et c'est ce qu'on fait dans la pratique, sauf à séparer sur la droite du produit quatre chiffres décimaux.

2e EXEMPLE. — A 2f,25 *le mètre, combien payerait-on 8 mètres ?*

OPÉRATION :

2, 25
8
____

Produit :   18f,00

Dans cette opération, il faut séparer deux chiffres sur la droite du produit, parce qu'il n'y a que deux chiffres décimaux dans le multiplicande, le multiplicateur étant un nombre entier.

3e EXEMPLE. — *Trouver le produit de 0f,25×0, 35.*

OPÉRATION :

0,25
0,35
____
1 25
7 5
____

Produit :   0, 08 75, soit 875 dix-millièmes.

Ce dernier produit a été obtenu en portant la virgule de quatre rangs vers la gauche, attendu qu'il y a quatre chiffres décimaux dans les deux facteurs. Mais le produit ne se composant que de trois chiffres (875), il a fallu ajouter un zéro à la gauche du chiffre 8 et puis un autre zéro qu'on a séparé du premier par une virgule. Le premier zéro à gauche remplace les unités manquantes, et le second tient la place des dixièmes.

APPLICATION

(Voir la 3e remarque du n° 54.)

P. 164. — Multiplier successivement par 10, 100, 1 000 et 10 000 les nombres 4,5678 et 24,37235.

P. 165. — Multiplier aussi successivement par 100 000, 1 000 000, 10 000 000 et 100 000 000 les nombres suivants : 0,23467 ; — 0,5678 ; — 0,931.

P. 166. — A 15^f,50 le mètre de drap, quel serait le prix de 12 mètres ?

P. 167. — Une pièce d'indienne de 34^m,50 a été payée à raison de 1^f,25 le mètre ; combien a-t-elle coûté ?

P. 168. — Un pavé de 72 mètres carrés a été calculé sur le pied de 0^f,25 le mètre carré ; combien a-t-il été payé ?

P. 169. — Un propriétaire a récolté 25 hectolitres de froment et 17 hectolitres de seigle ; il a vendu le seigle 12^f,50 l'hectolitre et le froment 18^f,75 ; quel est le produit de sa récolte ?

P. 170. — Le kilogramme de beurre valant 2^f,50, combien en vaudraient 35 kilog. ?

P. 171. — Que coûterait une douzaine de couteaux à manches en corne, à 0^f,45 la pièce ?

P. 172. — Combien donnerait-on à un boucher pour 76 kilog. de viande de veau, le kilog. valant 1^f,20 ?

P. 173. — Le pain de première qualité étant au prix de 0^f,35 le kilog., que dépenserait une famille en 30 jours, sa consommation journalière étant de 12 kilog. ?

P. 174. — A chaque battement du cœur de l'homme, il sort de cet organe 0^{kg},062 de sang; pour que la masse du sang passe du cœur dans toutes les parties du corps, il faut 193 battements; quel est le poids de la masse du sang?

P. 175. — Quels seraient le poids et la valeur de la consommation, pendant 132 jours, d'une famille qui dépense par jour 6^{kg},250 de pain de deuxième qualité, d'une valeur de 1^f,40 ?

P. 176. — Pour la couverture d'une maison, on a employé 6 428 tuiles creuses à 0^f,025 l'une; quelle est leur valeur?

P. 177. — Quel serait le prix de 24 chevrons de 3^m,25 de longueur et de 18 chevrons de 3^m,10, à raison de 1^f,05 le mètre courant?

DIVISION

des nombres décimaux et des fractions décimales.

55. — La division des nombres décimaux et des fractions décimales s'effectue comme celle des nombres entiers.

Il est utile de remarquer que le dividende et le diviseur doivent toujours avoir le *même nombre de chiffres décimaux*, et, à cet effet, on ajoute *un ou plusieurs zéros au nombre* (dividende ou diviseur) *qui en a le moins, afin qu'il en ait autant que l'autre;* alors, on fait l'opération comme celle des nombres entiers, en ne tenant aucun compte de la virgule.

1er Exemple. — *Combien de fois le nombre 2,25 est-il contenu dans 51,75?*

OPÉRATION :

```
Dividende  51,75 | 2,25  Diviseur.
           45 0  |  23   Quotient.
          ─────
           06 75
            6 75
          ─────
            0 00
```

2ᵉ EXEMPLE. — *Diviser 45,35 par 5.*

Avant d'effectuer l'opération, il faut ajouter au **diviseur** 5 deux zéros, pour qu'il ait autant de chiffres **décimaux** que le dividende (55).

OPÉRATION :

```
Dividende  45,35 | 5,00  Diviseur.
           45 00 | 9      Quotient.
           ─────
           00 35
```

56. — Le reste 35 indique que le diviseur n'est **pas** contenu une fois de plus dans le dividende, mais il **pour**rait y être contenu un dixième de fois, un centième **de** fois, un millième de fois, etc. Alors, en ajoutant un **zéro** à la droite du reste 35 (35 représente des unités, **puisque** nous opérons sur le dividende et le diviseur comme **s'ils** étaient des nombres entiers), on obtiendra le **nombre** 350 dixièmes, car une unité vaut 10 dixièmes (*nota* **du** n° 54) et 35 unités en valent 350. Reprenant l'**opération** ci-dessus :

```
45,35 | 5,00
45 00 | 9,07
─────
00 3500
   3500
─────
   0000,
```

on cherchera combien de fois 350 contient 500 ; **500** n'étant pas contenu un dixième de fois dans 350, **on** écrira un 0 à la place des dixièmes, après avoir mis **une** virgule au préalable à la suite du chiffre 9 qui **représente** la partie entière du quotient ; on ajoutera un zéro **à la** droite du reste 350 et on obtiendra 3 500 centièmes **qui,** divisés par 500, donnent pour quotient 7 ; on écrit 7 centièmes à la droite du zéro, et le chiffre du quotient 9,07 indique d'une manière exacte combien de fois le diviseur est compris dans le dividende.

57. — Le plus souvent, le reste de la division, quoiqu'on le réduise en dixièmes, centièmes, millièmes, etc., ne contient pas d'une manière exacte le diviseur ; dans ce cas, après un certain nombre d'opérations, les mêmes chiffres se reproduisent, au reste, d'une manière périodique. C'est cette circonstance qui a fait nommer la fraction obtenue *fraction périodique*.

EXEMPLE. — *Diviser 10 entiers par 0,3.*

OPÉRATION :

$$
\begin{array}{c|l}
10,0 & 0,3 \\
9 & \overline{33,333} \\
\hline
10 & \\
9 & \\
\hline
10 & \\
9 & \\
\hline
10 & \\
9 & \\
\hline
10 & \\
9 & \\
\hline
1 & \\
\end{array}
$$

La partie périodique du quotient est 333 millièmes, obtenus par l'addition de 3 zéros aux restes successifs. La période est dite *simple* ou *pure,* parce que le chiffre 3 du quotient se reproduit d'une manière uniforme.

AUTRE EXEMPLE. — *Diviser 212 par 9.*

OPÉRATION :

0,21200	9,000
18000	0,02355
032000	
27000	
050000	
45000	
050000	
45000	
05000	

On ajoute trois zéros (55) au diviseur, et on opère comme sur des nombres entiers. Le quotient n'a pas de partie entière, car 212 ne contient pas une fois le diviseur 9 000 ; alors on écrit un zéro au quotient et on le fait suivre d'une virgule ; on ajoute un zéro à 212 et on obtient 2 120 dixièmes qui ne contiennent pas encore une fois 9000 ; on écrit un zéro au quotient et à droite de la virgule ; on ajoute un second zéro à la droite de 212 et l'on obtient ainsi 21 200 centièmes, qui contiennent deux fois le diviseur ; le chiffre 2 s'écrit au quotient, comme l'indique l'opération ci-dessus ; en continuant comme dans l'exemple précédent, on trouve que le quotient est 0,02355 et que la partie périodique est 55 ; les chiffres 2 et 3 n'étant plus compris dans les chiffres suivants, constituent une fraction *périodique mixte* ; le chiffre de la période est 5, de même qu'il est 3 dans le premier exemple. Les deux derniers restes des exemples précédents se reproduiraient indéfiniment et d'une manière identique, chaque fois qu'on ajouterait un zéro à leur droite et qu'on en retrancherait le produit du quotient par le diviseur.

58. — On divise un nombre entier ou décimal par 10, 100, 1000, 10 000, 100 000, 1 000 000, etc., en portant la virgule d'un, de deux, de trois, de quatre, de cinq, de six rangs, etc., vers la gauche. Ainsi le nombre 4 235 divisé par 1000 devient 4,235, et le nombre 615,25 divisé par 100 donne 6,1525.

59. — Il peut arriver que la virgule, dans la division par 10, 100, 1.000, etc., se porte de plus de rangs vers la gauche du nombre à diviser que ce nombre n'a de chiffres ; dans ce cas, il faut ajouter à la gauche du nombre assez de zéros pour que la division soit possible, et remplacer les unités manquantes par un autre zéro.

1er EXEMPLE. — *Diviser 4 par* 100 = 0,04.

2e EXEMPLE. — *Diviser 0, 4 par* 1000 = 0,0004.

APPLICATION

P. 178. — Diviser successivement par 10, par 100, par 1000, les nombres 12 624, 25 218, 128 739, 75 029.

P. 179. — Diviser successivement par 10 000, 100 000, 1 000 000, 10 000 000, 100 000 000, les nombres 905 403 205, 7 925 417 380, 727 432 981, 23 432 875.

P. 180. — Diviser successivement par 10, 100, 1 000, les nombres 5 788,4 ; — 8 907,25 ; — 9 123,45 ; — 10 321,012.

P. 181. — Un marchand tailleur a acheté 19^m,20 d'étoffe contenant 16 pantalons ; quelle est la longueur de chaque pantalon ?

P. 182. — Une pièce de toile de 45 mèt. doit être payée 146^f,25 ; quel est le prix du mètre ?

P. 183. — Pour 35^f,35, on a eu 101 litres de vin ; combien coûte le litre ?

P. 184. — Combien recevrait-on de mètres de toile pour 265 fr., le mètre étant payé 1^f,25 ?

P. 185. — Une terre de 33 ares a donné une récolte de 412^{lt},50 ; quel est le revenu par are?

P. 186. — On veut couper un ressort de 0^{m},255 en morceaux égaux de 0^{m},015 de longueur; combien obtiendra-t-on de ces morceaux ?

CHAPITRE IV

FRACTIONS ORDINAIRES

PRÉLIMINAIRES

60. — On appelle *fractions ordinaires* des fractions dont les parties échappent à la loi décimale, telles que

1/2,	2/3,	3/4	etc.
un demi,	*deux tiers,*	*trois quarts,* etc.	

61. — Pour représenter les fractions ordinaires, on vient de voir qu'on fait usage de deux termes; le premier prend le nom de *numérateur* et le second, qui s'écrit sous le premier, s'appelle *dénominateur*; on sépare ces deux termes par un *trait* horizontal ou oblique.

$$\text{Numérateur} \; : \frac{7}{9} \; \text{ou } 7/9.$$
$$\text{Dénominateur} : 9$$

62. — Le dénominateur indique en combien de parties égales l'unité a été divisée (en 9 dans l'exemple précédent), et le numérateur, combien on prend de ces parties (7, exemple précédent).

63. — Pour lire une fraction ordinaire, on énonce d'abord le numérateur tel qu'il est écrit, puis le dénominateur, en ajoutant la terminaison *ième.*

EXEMPLE. — 5/6, *cinq sixièmes.*

Il n'y a d'exception que pour les fractions 1/2, 1/3, 1/4, dont les dénominateurs se lisent respectivement : *demi, tiers, quart.*

64. — On multiplie une fraction ordinaire par un nombre quelconque, en multipliant son numérateur par ce nombre, ou en divisant son dénominateur par ce même nombre.

Premier exemple. — *Multiplier la fraction 2/9 par 4.*

OPÉRATION :

$$\frac{2 \times 4}{9} = \frac{8}{9}$$

Deuxième exemple. — *Multiplier la fraction 3/12 par 3.*

OPÉRATION :

$$\frac{3}{12 : 3} = \frac{3}{4}$$

Remarque. — Ce dernier procédé n'est mis en usage que lorsque le dénominateur est exactement divisible par le nombre donné.

Explication. — La fraction 2/9 a été multipliée par 4, car le produit 8/9 est 4 fois plus grand que 2/9; il en est de même de 3/12 qui sont devenus 3/4, fraction 3 fois plus grande que 3/12. En effet, 1/4 vaut 3/12.

65. — Une fraction ordinaire ne change pas de valeur quand on multiplie ses deux termes par le même nombre. En effet, les deux termes de 1/2, multipliés par 3, donnent la nouvelle fraction 3/6, qui est évidemment la moitié d'une unité. Il en serait de même de la fraction 3/4 si on multipliait ses deux termes par 10; la nouvelle fraction 30/40 serait encore les 3/4 de l'unité.

Remarque. — Lorsque le numérateur est la *moitié* du dénominateur, la fraction vaut 1/2.

66. — Une fraction ordinaire quelconque ne change

pas de valeur quand on divise ses deux termes par le même nombre. En divisant les deux termes de la fraction 4/6 par 2, soit $\dfrac{4 : 2}{6 : 2}$, on obtient la fraction 2/3, qui est équivalente à la première, ce qui est rendu sensible en prenant les 4/6 de 12 unités (8 unités) et les 2/3 de 12 (8 unités).

67. — On divise une fraction par un nombre quelconque lorsqu'on divise son numérateur par ce nombre, ou quand on multiplie son dénominateur par ce nombre.

PREMIER EXEMPLE. — *Diviser 4/7 par 2.*

OPÉRATION :

$$\frac{4 : 2}{7} = \frac{2}{7}$$

Ici, la chose est évidente : 2/7 sont bien la moitié de 4/7.

DEUXIÈME EXEMPLE. — *Diviser 4/7 par 2.*

OPÉRATION :

$$\frac{4}{7 \times 2} = \frac{4}{14}$$

Les 4/7 de 14 sont évidemment 8, et les 4/14 de 14 sont 4 ; donc, en multipliant le dénominateur 7 par le facteur 2, la fraction a été divisée par 2.

RÉDUCTION DES FRACTIONS ORDINAIRES
au même dénominateur.

68. — On réduit deux fractions au même dénominateur en multipliant les deux termes de la première par le dénominateur de la seconde, et, réciproquement, en multipliant les deux termes de la seconde par le dénominateur de la première.

EXEMPLE. — *Réduire au même dénominateur les fractions* 2/3 *et* 3/4.

OPÉRATION :

Fractions proposées :　　2/3　　　　3/4

Nouvelles fractions : $\dfrac{2 \times 4}{3 \times 4}$　　$\dfrac{3 \times 3}{4 \times 3}$

d'où les deux fractions avec le même dénominateur 12 :

8/12　9/12.

Ces deux dernières fractions sont équivalentes aux deux premières (65), quoiqu'elles aient une expression différente.

69. — On réduit plusieurs fractions au même dénominateur en multipliant les deux termes de chacune d'elles par le *produit effectué* des dénominateurs de toutes les autres.

EXEMPLE. — *Réduire au même dénominateur les fractions* 1/2, 2/3, 3/4, 4/5.

OPÉRATION :

$$1/2 = \frac{1 \times 3 \times 4 \times 5}{2 \times 3 \times 4 \times 5} = 60/120$$

$$2/3 = \frac{2 \times 2 \times 4 \times 5}{3 \times 2 \times 4 \times 5} = 80/120$$

$$3/4 = \frac{3 \times 2 \times 3 \times 5}{4 \times 2 \times 3 \times 5} = 90/120$$

$$4/5 = \frac{4 \times 2 \times 3 \times 4}{5 \times 2 \times 3 \times 4} = 96/120$$

70. — Toute fraction ayant son numérateur et son dénominateur exprimés par le même nombre, est égale à l'unité. Ainsi 2/2, 3/3, 4/4, etc., sont des fractions respectivement égales à 1 ou une unité.

ADDITION DES FRACTIONS ORDINAIRES

71. — L'addition des fractions ordinaires s'effectue en ajoutant les *numérateurs* de ces fractions, et en donnant à leur somme, pour dénominateur, leur dénominateur commun.

Il est superflu d'ajouter que les fractions dont on veut faire l'addition doivent être réduites au même dénominateur.

72. — Lorsqu'on a obtenu la somme des numérateurs, on extrait les entiers ou unités,— en divisant cette somme par le dénominateur commun,—et on ajoute le quotient aux nombres entiers qui pourraient accompagner les fractions.

EXEMPLE. — *Quelle est la somme des fractions 2/3, 3/4, 5/6 ?*

Ces fractions, réduites au même dénominateur, équivalent à celles-ci : 48/72, 54/72, 60/72.

L'addition des numérateurs (48 + 54 + 60) donne un total de 162/72, et, en extrayant les entiers, 2 + 18/72.

73. — Tout d'abord, il est important d'observer que la fraction 18/72 peut être exprimée sous une forme plus simple. En divisant ses deux termes successivement par 2 et par 3, on arrive à obtenir la fraction 1/4, équivalente à 18/72.

Il est de principe général que, pour réduire une fraction ordinaire à sa plus simple expression, il faut diviser successivement ses deux termes par la série des chiffres 2, 3, 5, 7, etc., ou bien par un seul de ces chiffres si, à la première division, on a obtenu la réduction cherchée. Un exemple suffira pour rendre plus facile l'intelligence de ce principe.

Exemple. — *Réduire la fraction 210/630 à sa plus simple expression.*

Les deux termes étant terminés par un zéro sont divisibles par 10; la fraction est, de cette manière, réduite à 21/63. Les termes 21 et 63 n'étant pas divisibles exactement et en même temps par 2, il faut les diviser par 3; le résultat de la division donne naissance à la fraction 7/21; les deux termes de cette dernière, divisés par 7, donnent 1/3, expression la plus simple de la fraction 210/630.

APPLICATION

P. 187. — Quelle est la somme des quantités 3/7, 5/8 et 2/3?

P. 188. — Trois coupons de tulle ont, savoir : le 1er 4 mèt. 1/4, le 2e 10 mèt. 1/3, et le 3e 12 mèt. 1/5; quelle est leur longueur?

P. 189. — On a fait un mélange de 72 litres 6/7 de froment, 65 litres 5/7 de seigle et 36 litres 3/7 d'orge; à combien de litres s'élève ce mélange?

P. 190. — Quel est le total de la somme qui a été partagée entre quatre personnes, sachant que la 1re a eu 119 fr. 1/2, la 2e, 72 fr. 1/4, la 3e, 225 fr. 3/4, et la 4e, 205 fr. 1/2?

P. 191. — Un premier chevron a 3 mèt. 1/3 de longueur, et un deuxième chevron a 5 mèt. 2/3; quelle est leur longueur totale?

P. 192. — Pour atteindre une certaine hauteur, on a ajouté bout à bout trois échelles : la 1re de 4 mèt. 2/9 de longueur, la 2e de 3 mèt. 2/3 et la 3e de 5 mèt. 1/9; quelle est cette hauteur?

P. 193. — Un maçon a construit les murs d'une cour triangulaire dont le plus long côté a 15 mèt. 2/5 de longueur, le second côté, 12 mèt. 2/3, et le 3e, 11 mèt. 1/4; quel est le périmètre de cette cour?

P. 194. — A 16 mèt. 11/15, on a ajouté 12 mèt. 22/25 et 4 mèt. 1/5; quel nombre de mètres a-t-on ainsi obtenu?

P. 195. — Une cuisinière a acheté 4 kilog. 1/4 de sel, 1/3 de kilog. de poivre et 1 kilog. 2/5 de fromage; quel est le poids de son acquisition?

P. 196. — Une terre a 25 ares 7/8 de surface, et un pré, une surface de 33 ares 1/3; quelle est leur surface totale?

P. 197. — On a consommé 18 stères 4/5 de bois de châtaignier et 23 stères 4/20 de bois de chêne; quel est le volume des deux espèces de bois?

SOUSTRACTION DES FRACTIONS ORDINAIRES

74. — La soustraction des fractions ordinaires consiste, lorsqu'elles ont même dénominateur, à retrancher le numérateur de la plus petite fraction du numérateur de la plus grande et à donner au reste le dénominateur commun.

EXEMPLE. — *Quelle est la différence des fractions 12/20 et 15/20?*

La réponse est facile : cette différence est 15 — 12 = 3, et, en donnant à cette différence le dénominateur 20, on obtient en définitive 3/20.

75. — Si les fractions n'avaient pas même dénominateur, il serait nécessaire de les ramener à ce dénominateur, et l'on opérerait comme plus haut (74).

76. — La soustraction des fractions accompagnées d'entiers présente deux cas.

1er Cas. — Si la fraction du nombre à soustraire a le dénominateur plus petit que celui de la fraction du nombre supérieur, la soustraction se fait, quant aux fractions, comme précédemment (74), et quant aux nombres entiers, comme celle indiquée aux nos 22 et suivants.

EXEMPLE. — *De combien le nombre fractionnaire 12 entiers 2/3 surpasse-t-il le nombre fractionnaire 8 entiers 1/4?*

Les fractions, réduites au même dénominateur, se traduisent par 8/12 et 3/12, et on obtient l'opération suivante :

```
        12   8/12
     —   8   3/12
        ───────────
Excès :  4   5/12
```

2ᵉ Cas. — Si la fraction du nombre à soustraire a son numérateur plus grand que celui de la fraction supérieure, après leur réduction au même dénominateur, on prend une unité sur le nombre entier supérieur, laquelle on réduit en une fraction ayant pour dénominateur celui des deux fractions et pour numérateur un nombre égal au dénominateur de ces dernières (70), et on ajoute cette fraction à celle du nombre supérieur; alors l'opération s'effectue comme dans le premier cas, en tenant compte toutefois de l'unité dont le plus grand nombre a été diminué.

EXEMPLE. — *Quelle est la différence des nombres fractionnaires 8 entiers 1/4 et 6 entiers 2/3?*

Les fractions 1/4 et 2/3 donnent les nouvelles fractions 3/12 et 8/12, et l'opération se réduit à celle-ci :

$$
\begin{array}{rr}
8 & 3/12 \\
- \; 6 & 8/12 \\
\hline
\text{Différence} \quad 1 & 7/12
\end{array}
$$

SOLUTION. — Le numérateur 8 ne peut évidemment se retrancher du numérateur 3; on prend sur le nombre entier 8 une unité que l'on réduit en douzièmes; une unité vaut 12/12 (70); 12/12 ajoutés à 3/12 font 15/12, desquels on retranche les 8/12 du nombre inférieur; le reste de la soustraction est 7/12; en retranchant en dernier lieu 6 de 7 (il faut se rappeler que 8 a été diminué d'une unité), on trouve pour reste 1, qu'on écrit à la droite de 7/12, comme il est indiqué plus haut, et on obtient pour résultat définitif 1 7/12, différence demandée.

APPLICATION

P. 198. — Sur 2 mèt. 7/9, il en a été pris 1 mèt. 2/3; combien en reste-t-il?

P. 199. — Sur 6 mèt. de doublure, il a été vendu 4 mèt. 1/5; quelle est la longueur du reste?

P. 200. — Une cour de 120 mèt. superficiels doit être pavée partie en briques et partie en pierres; la partie pavée en briques ayant une surface de 82 mèt. 3/15, quelle est celle de la partie pavée en pierres?

P. 201. — D'un baril de vin de 52 litres 1/5, on a soutiré 48 litres 1/4; combien reste-t-il de vin dans ce baril?

P. 202. — On a pris 15 litres 3/5 d'avoine sur 135 litres; que reste-t-il encore?

P. 203. — Une bourse renfermait 45 francs; il a été pris dans cette bourse 17 fr. 7/10; que contient-elle encore?

P. 204. — On a brûlé 22 stères 4/5 sur 35 stères 9/10; combien reste-t-il encore?

P. 205. — Un fromage d'Auvergne pesait 48 kilog., il en a été coupé un morceau pesant 17 kilog. 7/20; combien en reste-t-il à vendre?

P. 206. — Sur 3 kilog. de riz, il en a été employé 1 kilog. 4/5; à quel poids s'élève le reste?

P. 207. — Un vase contenant 15 litres de lait a été vendu à deux personnes; la 1re a eu 6 litres 2/3 et l'autre le reste; déterminer la quantité à revenir à la seconde.

MULTIPLICATION DES FRACTIONS ORDINAIRES

77. — La multiplication des fractions ordinaires s'effectue en multipliant numérateur par numérateur et dénominateur par dénominateur des fractions multiplicateur et multiplicande.

EXEMPLE. — *Soit proposé de multiplier 5/7 par 3/4.*

OPÉRATION :

$$\frac{5 \times 3}{7 \times 4} = \frac{15}{28}$$

Le produit de ces deux fractions est donc 15/28.

78. — Lorsqu'on a à multiplier un nombre entier par une fraction, ou une fraction par un nombre entier, il y a lieu d'appliquer la définition générale ci-après, et cela pour rendre intelligible le produit de l'opération.

EXEMPLE. — *Multiplier 12 entiers par la fraction ordinaire 3/4.*

OPÉRATION :

$$\frac{12 \times 3}{4} = \frac{36}{4} = 9$$

En général, la multiplication a pour objet de *chercher un nombre, appelé produit, qui soit composé du multiplicande comme le multiplicateur est composé de l'unité.*

Or, dans l'exemple ci-dessus, le multiplicateur est composé des 3/4 de l'unité, par conséquent, le produit se composera des 3/4 de 12. Le 1/4 de 12 est 12/4 ou 3, et les 3/4 sont $3 \times 3 = 9$.

79. — Il en résulte que *pour multiplier un nombre entier par une fraction, il faut multiplier ce nombre par le numérateur de la fraction et diviser le produit par son dénominateur.*

80. — *Pour multiplier une fraction par un nombre entier, il suffit de multiplier le numérateur par ce nombre (64).* En changeant l'ordre des facteurs, on retombe dans le cas précédent.

81. — Si l'on avait à multiplier un nombre entier accompagné d'une fraction ordinaire par un nombre entier, on pourrait multiplier le nombre entier et la fraction séparément, et faire ensuite la somme des produits partiels.

EXEMPLE : $4 + 5/6$ *à multiplier par 6.*

OPÉRATION :

$$4 \times 6 = 24$$
$$\frac{5 \times 6}{6} = \frac{30}{6} = 5$$

Produit. . . $\overline{29.}$

3.

82. — On pourrait aussi réduire en fraction ordinaire le nombre entier, l'ajouter ensuite au numérateur de la fraction qui l'accompagne et multiplier la somme par le nombre multiplicateur.

EXEMPLE : $6 + 2/3 \times 4$.

OPÉRATION :

$$\frac{20 \times 4}{3} = \frac{80}{3} = 26 + 2/3.$$

Le nombre 6 vaut 6 fois 3/3 ou $\frac{18}{3} + 2/3 = \frac{20}{3}$ qui, multipliés par 4, donnent pour produit $\frac{80}{3}$, et, définitivement, 26 entiers et 2/3.

83. — **Remarque.** — *Un nombre entier se réduit en fraction ordinaire, dont le dénominateur est donné, en multipliant ce nombre par ce dénominateur et en donnant au produit ce même dénominateur.*

EXEMPLE : *Réduire 24 en 1/3.*

OPÉRATION :

$$24 \times 3 = \frac{72}{3}.$$

84. — *Quand on a à faire le produit de deux nombres entiers accompagnés de fractions ordinaires, on réduit les nombres entiers en fractions de l'espèce de la fraction qui accompagne chacun d'eux, on ajoute ces nombres ainsi réduits aux numérateurs de leurs fractions respectives et on fait la multiplication comme il est dit au n° 77.*

APPLICATION

P. 208. — Quels sont les 2/3 du nombre entier 72 ?

P. 209. — Quel est le produit de 4/5 par 120 ?

P. 210. — Une pièce de toile avait 36 mètres; on en a coupé les 3/4 ; exprimer en nombre entier la longueur retranchée.

P. 211. — Paul doit recevoir les 5/6 de 246 fr. ; quelle est la somme qui lui revient?

P. 212. — Un facteur avait 34 200 mèt. à parcourir, mais il n'a pu faire que les 13/15 de ce parcours; combien lui reste-t-il de mètres à parcourir?

P. 213. — Sur une propriété de 4 525 ares, il en a été vendu les 13/25; combien en reste-t-il à vendre?

P. 214. — Quels sont les 2/3 des 3/4 de 36 francs?

P. 215. — On a partagé 456 fr. entre 4 personnes, de manière que les trois premières ont eu chacune les 3/16 et la quatrième le reste; quelle est la somme qui revient à chaque personne ?

P. 216. — Une ménagère avait acheté pour le pot-au-feu 4 kilog. 500 grammes de viande de bœuf; elle en a employé les 3/5 ; quel est le poids de ce qui reste ?

P. 217. — Une barrique de vin de 200 litres a été vendue aux 2/5 ; combien reste-t-il de litres dans la barrique ?

DIVISION DES FRACTIONS ORDINAIRES

85. — La division des fractions ordinaires a pour objet *d'obtenir un nombre qui, multiplié par le diviseur, reproduise le dividende.*

EXEMPLE : *Diviser* 9 *par* 3/4.

OPÉRATION :

$$\frac{9 \times 4}{3} = 12.$$

Diviser 9 par 3/4, c'est chercher un nombre qui, multiplié par 3/4, reproduise 9; mais (78) multiplier un nombre par 3/4, c'est en prendre les 3/4; or, le dividende 9 représente les 3/4 du quotient; si les 3/4 du quotient sont 9, 1/4 est 9/3, et les 4/4 sont 4 fois 9/3,

ou $$\frac{9 \times 4}{3} = \frac{36}{3} = 12.$$

86. — On peut donc formuler en règle générale que, *pour diviser un nombre par une fraction ordinaire il faut multiplier ce nombre par la fraction diviseur renversée.*

87. — Cette règle trouve son application dans la division d'une fraction par une fraction :

$$2/3 : 4/5 = 2/3 \times 5/4 = 10/12 ;$$

— d'un nombre entier suivi d'une fraction, le nombre entier réduit préalablement en fraction et ajouté à la fraction qui l'accompagne

$$4 + 1/3 : 1/2 = 13/3 \times 2/1 = 8 + 2/3 ;$$

—d'un nombre entier accompagné d'une fraction par un autre nombre entier suivi aussi d'une fraction, les deux nombres donnés réduits aussi en fractions ayant pour dénominateur celui de la fraction qui les accompagne, laquelle doit leur être ajoutée

$$4 + 1/3 : 5 + 1/4 = 13/3 \times 4/21 = 52/63.$$

APPLICATION

P. 218. — On désirerait savoir quelle est la longueur d'une route dont les 2/7 sont représentés par 8 470 mètres ?

P. 219. — Quelle est la surface totale d'une pièce de pré dont les 5/6 ont 1 230 mèt. de surface ?

P. 220. — Un père de famille laisse en mourant une certaine somme ; l'aîné de ses enfants a les 5/9 de sa succession, qui représentent 819 fr. ; quelle est cette somme et quelle est la part du fils cadet ?

P. 221. — Les économies de neuf mois (9/12) d'un ouvrier atteignent le chiffre de $236^f,70$; calculer les économies annuelles ?

P. 222. — En 7 mois (7/12), une famille a consommé 714 litres de froment ; quelle est sa consommation annuelle ?

P. 223. — Quelle est la longueur d'une poutre dont les 4/11 ont $4^m,20$?

P. 224. — On a un bloc de pierre à faire transporter ; sachant que les 5/7 pèsent 525 kilog., quel est le poids total de ce bloc?

P. 225. — Les 19/20 d'un bœuf pèsent 570 kilog.; quel est le poids de ce bœuf?

P. 226. — Les 2/3 des 4/9 d'un nombre sont représentés par 16 ; quel est ce nombre?

P. 227. — Les 8/15 des 4/5 d'une meule de foin représentent 24 832 kilog.; quel est le poids de la meule entière?

CHAPITRE V

RÉSOLUTION DES PROBLÈMES

PAR LA MÉTHODE DITE DE L'UNITÉ

88. — On appelle *règle de trois* une opération dont trois *termes*, simples ou composés, *sont déterminés*, et par laquelle on se propose de trouver *un quatrième terme* appelé *l'inconnue*.

Pendant longtemps, on a appliqué les proportions à la recherche de *l'inconnue*, méthode routinière, comprise par quelques personnes seulement. Aujourd'hui on a ramené cette recherche à une simplicité telle que toute personne connaissant la division peut sans peine déterminer la valeur de l'inconnue, au moyen de la *méthode de l'unité*.

89. — Cette méthode consiste à *diviser*, dans la plupart des cas, *le nombre qui est de la nature de l'inconnue par le nombre ou les nombres du fait fondamental et à le multiplier par le nombre ou les nombres du fait incomplet.*

1er Exemple. — *Si 3 ouvriers gagnent 15 francs, que gagneront 5 ouvriers ?*

Fait fondamental ..... 3 ouvriers, 15 francs;

Fait incomplet .... 5 — x, inconnue.

Solution. — Si 3 ouvriers gagnent 15 fr.

1 ouvrier gagne 15/3

et 5 ouvriers gagneront $\dfrac{15 \times 5}{3} = 25$ fr.

90. — Explication. — Il est évident qu'un ouvrier gagne 3 fois moins que 3 ouvriers ou 15/3, et que 5 ouvriers gagneront 5 fois plus qu'un ouvrier,

ou $\qquad \dfrac{15 \times 5}{3} = 25$ francs.

Remarque. — Il faut toujours indiquer, dans tout problème de la nature de celui qui précède, les opérations par les signes de la multiplication ou de la division et n'effectuer le résultat que lorsqu'on a fini cette indication. C'est ainsi qu'on évite les erreurs qui pourraient provenir d'une division ou de divisions dont le quotient ne saurait se représenter par un nombre entier, ou d'une division absurde, telle que celle qui consisterait, comme la suivante, à diviser en fractions un certain nombre d'ouvriers.

2e Exemple. — *Pour cultiver un terrain de 3 264 mètres carrés, il a fallu employer 4 ouvriers pendant 8 jours ; combien faudrait-il d'ouvriers travaillant pendant 12 jours pour cultiver 6 120 mètres carrés ?*

SOLUTION :

Si 3 264^m ont été cultivés en 8 jours par 4 ouvriers,

1^m a été cultivé en 8 j. par $\dfrac{4}{3264}$;

1^m —   en 1 j. par $\dfrac{4 \times 8}{3264}$;

6 120^m seront cultivés en 1 j. par $\dfrac{4 \times 8 \times 6120}{3264}$;

et 6 120^m —   en 12 j. par $\dfrac{4 \times 8 \times 6120}{3264 \times 12} = 5$ ouvriers.

Explication. — Si 3 264 mètres, pour être cultivés en 8 jours, ont exigé l'emploi de 4 ouvriers, 1 mètre aurait exigé, en 8 jours, 3 264 fois moins d'ouvriers, ou $\frac{4}{3264}$, et 1 mètre, pour être cultivé en un seul jour, aurait demandé l'emploi de 8 fois plus d'ouvriers, ou $\frac{4 \times 8}{3264}$; 6 120^m pour être cultivés en 1 jour nécessiteraient l'emploi de 6 120 fois plus d'ouvriers, ou $\frac{4 \times 8 \times 6120}{3264}$, et enfin, si, le travail doit être fait pendant 12 jours au lieu de 1 jour, il faudra employer encore 12 fois moins d'ouvriers, ou $\frac{4 \times 8 \times 6120}{3264 \times 12}$, soit 5 ouvriers.

91. — On appelle INTÉRÊT d'une somme ou d'un CAPITAL l'argent payé par l'emprunteur au fournisseur de fonds, après le laps de temps pendant lequel le capital est resté entre les mains de l'emprunteur. — Cet intérêt se calcule à raison de 5 francs ou de 6 francs par chaque 100 francs prêtés pendant une année entière. Cet intérêt s'appelle TAUX.

1er EXEMPLE.— *Quels sont les intérêts de 450 francs, prêtés pendant un an au taux de 5 p. 0/0? (Taux légal ordinaire.)*

SOLUTION :

100 fr. de capital produisent 5 fr. d'intérêts.

   1 fr.   —   produit $\frac{5}{100}$,

et 450 fr.   —   produisent $\frac{5 \times 450}{100} = 22^f,50$ d'intérêts.

Remarque. — On comprendra sans peine que, si le capital restait placé 2 ans, 3 ans, 4 ans, etc., il faudrait multiplier l'intérêt d'un an par 2, par 3, par 4, etc.

2ᵉ Exemple. — *Combien payerait-on d'intérêt pour une somme de 4555 francs, placée pendant 15 mois au taux de 6 pour 100 ? (Dans le commerce l'intérêt est à 6 pour 100.)*

Nota. — L'expression *pour cent* se représente ordinairement par l'abréviation *p.* 0/0.

SOLUTION :

100 fr. produisent en 12 mois 6 fr. d'intérêt ;

$$1 \text{ fr. produit} \quad -12- \quad \frac{6}{100} \quad -$$

$$1 \text{ fr.} \quad -\quad\quad- \quad 1- \quad \frac{6}{100 \times 12} -$$

$$4\,555 \text{ fr. produisent en 1 mois} \frac{6 \times 4555}{100 \times 12} -$$

$$\text{et } 4\,555 \text{ fr.} \quad -\quad\quad- 15 \quad - \quad \frac{6 \times 4555 \times 15}{100 \times 12} = 341^\text{f}.625.$$

L'intérêt cherché est donc de 341ᶠ,625, ou mieux de 341ᶠ,60 c.

Remarque. — Lorsque le chiffre des centimes est exprimé par un chiffre plus petit que 3, il n'en est pas tenu compte (Ex. précédent) ; mais si ce chiffre était 3 ou 4, il serait compté comme 5 ; de même, s'il était 6 ou 7, il ne vaudrait que 5 ; mais, s'il était représenté par un 8 ou par un 9, il vaudrait 10.

3ᵉ Exemple. — *Quel est le capital qui, au bout d'un an de placement à 5 p. 0/0, a produit 61ᶠ,25 c. ?*

SOLUTION :

5 fr. sont produits en un an par 100 fr. de capital ;

$$1 \text{ fr. est produit} \quad -\quad\quad- \quad \frac{100}{5} \quad -$$

$$\text{et } 61^\text{f},25 \text{ seront produits} \quad - \quad \frac{100 \times 61,25}{5} = 1\,225 \text{ fr.}$$

4ᵉ EXEMPLE. — *Quel capital faudrait-il placer à 5 p. 0/0, pendant 15 mois, pour retirer un intérêt de 71ᶠ,25.?*

SOLUTION :

5 fr. sont produits en 12 mois par 100 fr. de capital.

1 fr. est produit en 12 — $\dfrac{100}{5}$ —

1 fr. ———————— 1 — $\dfrac{100 \times 12}{5}$ —

71ᶠ,25 ser. pr. en 1 mois par $\dfrac{100 \times 12 \times 71,25}{5}$ —

et 71ᶠ,25 ——— 15 mois par $\dfrac{100 \times 12 \times 71,25}{5} = 1\,140$ fr.

Remarque. — Cette dernière opération constitue une règle de *trois inverse*, parce qu'à la troisième et à la quatrième ligne, on a procédé d'une manière toute différente que dans les exercices qui précèdent le 4ᵉ exemple. Cette particularité ne peut guère se formuler dans une règle générale; elle se présente chaque fois qu'il n'y a pas proportionnalité entre deux termes relatifs. C'est ce qui a lieu à la troisième ligne de l'opération précédente, où 1 franc, pour être produit en 1 mois, au lieu de 12 mois, exige un capital 12 fois plus grand. L'inversion cesserait si 1 fr., pour être produit en 1 mois, exigeait un placement 12 fois plus petit, et alors on retomberait dans la règle générale du n° 89.

5ᵉ EXEMPLE. — *A quel taux a-t-on placé le capital de 250ᶠ,25 pour produire au bout de 2 ans 30ᶠ,03 d'intérêt?*

SOLUTION :

250ᶠ,25 ont produit en 2 ans 30ᶠ,03 d'intérêt.

1 fr. a produit en 2 ans $\dfrac{30,03}{250,25}$ —

1 fr. a produit en 1 an $\dfrac{30,03}{250,25 \times 2}$ —

Et 100 fr. ont produit en 1 an $\dfrac{30,03 \times 100}{250,25 \times 2} = 6$ francs.

Donc le taux demandé est 6 fr., ou, d'une autre manière, l'intérêt de 100 fr. est 6 fr.

6ᵉ EXEMPLE. — *Pendant combien de temps a été placée la somme de 215 fr. pour produire 43 fr. d'intérêt, au taux de 5 p. 0/0?*

SOLUTION :

Si 215 fr. ont produit 43 fr. d'intérêt,

$$1 \text{ fr. a produit } \frac{43}{215} \qquad —$$

$$\text{et 100 fr. ont produit } \frac{43 \times 100}{215} = 20 \text{ fr.}$$

Le taux étant à 5 p. 0/0, 20 fr. ont été rapportés en $\frac{20}{5} = 4$ années.

92. — On appelle ESCOMPTE l'intérêt que prélève un banquier ou un escompteur sur la somme d'un billet dont l'échéance est fixée à un terme déterminé. L'escompte se calcule comme les intérêts d'un capital prêté. Les escompteurs peuvent prélever 6 p. 0/0, et les banquiers 6 p. 0/0, plus un droit de commission.

L'année commerciale comprend 12 mois de chacun 30 jours, ou 360 jours. Généralement les banquiers prêtent à trois mois ou 90 jours; ils reçoivent les billets à ordre, les lettres de change et les traites à échéance de 90 jours ou à échéance plus courte, et ils retiennent, au moment où ils comptent l'argent au porteur de l'effet, comme il est dit ci-dessus, outre l'escompte, un droit de commission de 0ᶠ,50, par chaque 100 francs ou fraction de 100 francs, mais seulement au-dessous de cette dernière somme; au-dessus elle se calcule à raison de 0ᶠ,50 p. 0/0.

1er **EXEMPLE.** — *Quel escompte retiendra un banquier pour payer à l'instant un billet de 450 fr., exigible dans trois mois, cet escompte étant de 8 p. 0/0 ?*

SOLUTION :

Sur 100 fr. on retient pour 12 mois 8 fr.   d'escompte.

$$\text{Sur} \quad 1 \text{ fr.} \quad — \quad — \quad 12 \quad — \quad \frac{8}{100} \quad —$$

$$\text{Sur} \quad 1 \text{ fr.} \quad — \quad — \quad 1 \quad — \quad \frac{8}{100\times12} \quad —$$

$$\text{Sur} \quad 1 \text{ fr.} \quad — \quad — \quad 3 \quad \frac{8\times3}{100\times12} \quad —$$

$$\text{Sur} \quad 450 \text{ fr.} \quad — \quad — \quad 3 \quad — \frac{8\times3\times450}{100\times12} = 9 \text{ francs.}$$

Dans la pratique, on simplifie l'opération en calculant l'escompte sur celui de 3 mois, qui est 2 fr. pour 100 fr. — Au moyen de tarifs, ou comptes-faits, on obtient très-facilement l'escompte d'une somme quelconque et pour un nombre de jours déterminés.

2e **EXEMPLE.** — *On a remis en négociation à un escompteur une valeur de 425 fr. payable à 60 jours ; quelle est la somme que retiendra cet escompteur ?*

L'escompteur retient sur une somme de 100 fr. versée par lui, un escompte de 6 fr. par an, ou un escompte de 0^f,50 par mois. Il suffira donc, pour répondre à la question proposée, de multiplier 425 fr. par 0 ,50 et de doubler le quotient, préalablement divisé par 100.

SOLUTION :

$$\frac{425\times0,50\times2}{100} = 4^f,25.$$

3e Exemple. — *Quel est l'escompte que prélèverait un banquier sur la même somme de 425 fr., exigible dans 2 mois?*

Cet escompte se compose de deux parties, premièrement de $4^f,25$, et secondement du droit de commission qui se calcule à raison de $0^f,50$ par 100 fr.; ce droit est de $2^f,125$ pour 425 francs. L'escompte total est donc de

$$4^f,25 + 2^f,125 = 6^f,375 \text{ ou } 6^f,40.$$

4e Exemple. — *A quel taux placerait-on son argent en achetant des rentes 4 1/2 p. 0/0 au cours de 93 fr.?*

Acheter la rente 4 1/2 p. 0/0 au cours de 93 fr., c'est dire que $4^f,50$ de rente annuelle sont payés 93 fr. Le taux est l'intérêt de 100 fr. par an; la rente 4 1/2 correspond au taux de 4,83.

SOLUTION :

93 fr. produisent $4^f,50$ de rente.

1 fr. produit $\dfrac{4,50}{93}$ —

Et 100 fr. produisent $\dfrac{4,50 \times 100}{93} = 4^f,83.$

Règle. — Pour trouver le capital que représente la rente :

1° — 3 p. 0/0,— il faut multiplier la rente par le cours de la Bourse et prendre le 1/3 du produit.

2° — 4 p. 0/0,— il faut multiplier la rente par le cours de la Bourse et prendre le 1/4 du produit.

3° — 4 1/2 p. 0/0, — il faut doubler le chiffre de la rente à acheter ou à vendre, multiplier le résultat par le cours de la Bourse et diviser par 9.

Soit à trouver le capital représenté par

1° 240 fr. de rentes 3 p. % achetées à $67^f,80$;

2° 240 fr.   —   4 p. %   —   à 85 fr. ;

3° 240 fr.   —   4 1/2 p. %   —   à $97^f,80.$

Les calculs donnent :

$$1° \quad \frac{240 \times 67,80}{3} = 5\,424 \text{ fr.}$$

$$2° \quad \frac{240 \times 85}{4} = 5\,100 \text{ fr.}$$

$$3° \quad \frac{240 \times 2 \times 97,80}{9} = 5\,216 \text{ fr.}$$

QUESTIONS DE SOCIÉTÉ

93. — On donne le nom de RÈGLE DE SOCIÉTÉ à une question qui a pour objet de partager entre plusieurs associés le bénéfice ou la perte résultant de leur association.

94. — Le bénéfice ou la perte des associés est en raison directe de la mise des fonds et de la durée de cette mise.

1er EXEMPLE. — *Trois associés ont mis en commerce : le 1er, 1 500 fr. ; le 2e, 2 550 fr. et le 3e, 3 620 fr. ; au bout d'un certain temps, ils ont réalisé un bénéfice de 1 534 fr. ; quelle est la part de chacun d'eux ?*

La mise totale s'élève à 1 500 $+$ 2 550 $+$ 3 620 $=$ 7 670 fr.

SOLUTION :

Une mise de :

7 670 fr. produit un bénéfice de 1534 fr.

1 fr. produit un bénéfice de $\dfrac{1534}{7670}$ —

1 500 fr. doit produire un bénéfice de $\dfrac{1534}{7670} \times 1500 = 300$ fr.

2 550 fr. doit produire un bénéfice de $\dfrac{1534}{7670} \times 2550 = 510$ fr.

3 620 fr. doit produire un bénéfice de $\dfrac{1534}{7670} \times 3620 = 724$ fr.

Total. . . . . 1534 fr.

RÈGLE. — Il faut multiplier, dans les questions de ce genre, chacune des mises par une fraction qui a pour numérateur le gain total et pour dénominateur la somme totale des mises.

95. — Lorsque les mises ne restent pas le même temps dans l'association, il faut les ramener à l'unité de temps, et l'on retombe dans le cas précédent. Un exemple suffira pour faire comprendre ce qu'on entend par unité de temps.

EXEMPLE. — *Trois personnes ont placé dans une entreprise, la première 350 fr. pendant un an ; la deuxième 400 fr. pendant 18 mois ; et la troisième 450 fr. pendant 20 mois. En fin d'entreprise, la liquidation a donné une perte de 1 020 fr. ; quelle est la perte que chacun doit supporter ?*

Placer 350 fr. pendant un an, c'est comme si on plaçait, quant à l'effet, une somme 12 fois plus grande en un mois, ou $350 \times 12 = 4\,200$ fr.; par un raisonnement analogue, les autres mises se réduiraient à celles de

$$400 \times 18 = 7\,200 \text{ fr., et } 450 \times 20 = 9\,000 \text{ fr.}$$

Mise totale : 20 400 fr.

Appliquant à cette question la règle du n° 94, on aura :

$$1^{re} \text{ Part de perte } \frac{1020}{20400} \times 4200 = 210 \text{ fr.}$$

$$2^e \quad - \quad - \quad \frac{1020}{20400} \times 7200 = 360 \quad -$$

$$3^e \quad - \quad - \quad \frac{1020}{20400} \times 9000 = 450 \quad -$$

Perte totale. . . . . 1020 fr.

96. — On appelle p. 0/0 (*nota* de 91) la quantité prise sur un nombre quelconque divisé par 100; ainsi :

$$\text{le 1 p. 0/0 de 175 est } \frac{175\times1}{100} = 1,75\,;$$

$$\text{le 2 p. 0/0 serait } \frac{175\times2}{100} = 3,50\,;$$

$$\text{le 3 p. 0/0, } \frac{175\times3}{100} = 5,25.$$

RÉGLE. — *On obtient le p. 0/0 d'un nombre en divisant ce nombre par 100 et en le multipliant par le nombre qui indique le p. 0/0.*

EXEMPLE. — *Un hectolitre de froment de 80 kilogrammes fournit 75 p. 0/0 de son poids de farine; quel est le poids de cette farine?*

SOLUTION :

$$\text{Le 1 p. 0/0 est } \frac{80}{100}\,;$$

$$\text{Les 75 p. 0/0 sont } \frac{80\times75}{100} = 60 \text{ kilogrammes.}$$

97. — On appelle MOYENNE une quantité intermédiaire entre 2, 3, 4, 5, 6, etc., quantités.

La moyenne s'obtient en ajoutant ces quantités et en les divisant par le nombre de ces quantités.

1ᵉʳ EXEMPLE. — *Il a été vendu 2 hectolitres de froment, l'un 20 fr. et l'autre 22 fr.; quel est le prix moyen de l'hectolitre?*

SOLUTION :

$$20+22 = \frac{42}{2} = 21 \text{ fr.}$$

2ᵉ **Exemple.** — *On a du vin à 0ᶠ,45 le litre, à 0ᶠ,40 et à 0ᶠ,65 dont on veut faire un mélange; à quel prix moyen reviendra le litre?*

SOLUTION :

$$0^f,45 + 0,40 + 0,65 = \frac{1^f,50}{3} = 0^f,50.$$

DEUXIÈME PARTIE

LE CALCUL APPLIQUÉ AU SYSTÈME MÉTRIQUE

—

PRÉLIMINAIRES

98. — On appelle SYSTÈME MÉTRIQUE l'ensemble des poids et des mesures qui sont en usage pour déterminer les *longueurs*, les *surfaces*, les *volumes*, les *poids* et les *valeurs monétaires*.

99. — On emploie, dans la dénomination des poids et mesures métriques, le sept mots-racines :

Myria,   kilo,   hecto,   déca,   déci,   centi,   milli,

qui correspondent respectivement à

dix mille,   mille,   cent,   dix,   dixième,   centième,   millième.

Ces mots-racines sont conformes à la loi décimale (17). Les unités de longueur, de surface, de volume, de poids et de valeurs monétaires, placées immédiatement après les mots-racines, constituent le langage métrique. C'est ce dont on pourra se convaincre dans l'exposition suivante.

MÈTRE

100. — L'*unité-mère* du système métrique porte le nom de MÈTRE. C'est une *mesure de longueur* qui n'est autre chose que la dix-millionième partie du quart du méridien ter-

4

restre. C'est au mètre qu'on rapporte, d'une manière plus ou moins directe, les autres unités du système, dont il est l'unité primordiale.

Le mètre des marchands est une règle carrée en bois, ferrée aux deux bouts ; il se divise en décimètres et centimètres (*voir* 104) ; il existe encore le *demi-mètre*. Le mètre peut avoir une forme ronde comme celle d'une canne. Le *mètre pliant*, dont les menuisiers, charpentiers, etc., font usage, se compose de 10 lames en bois ou en métal, articulées et mobiles, de chacune un décimètre de longueur ; le premier décimètre au moins est divisé en centimètres et millimètres. On se sert encore du cinquième du mètre ou *double-décimètre*, dont les dessinateurs font un emploi journalier ; il a une forme plate ou triangulaire, et il est divisé en demi-millimètres. Le *double-mètre*, en bois plat, a ses deux bouts métalliques ; il sert aux architectes et aux ingénieurs. On fait aussi usage du *demi-décamètre* et du *double-décamètre*.

Les multiples du mètre sont :

Le DÉCAMÈTRE, qui vaut   10 mètres.
L'HECTOMÈTRE,   —   100 —
Le KILOMÈTRE,   —   1 000 —
Le MYRIAMÈTRE,   —   10 000 —

101. — Chacun de ces multiples a un usage spécial. Le *décamètre* est une chaîne en fer employée dans l'arpentage ; c'est encore un ruban de 10 mètres, employé dans la construction pour mesurer les longueurs dont la somme ne dépasse pas 10 mètres.

102. — L'*hectomètre* est une mesure itinéraire déterminée par deux petites bornes, distantes de 100 mètres ; 10 de ces longueurs forment le *kilomètre*, autre mesure itinéraire marquée sur les routes par deux grosses bornes, ordinairement en pierre. Quatre kilomètres font une *lieue de poste*. Les mesures itinéraires considérables s'évaluent en *myriamètres* : le myriamètre vaut 2 *lieues et demie* de poste.

103. — Il est important de remarquer que le *décamètre* vaut 10 *mètres* ; que l'*hectomètre* vaut 10 *décamètres*, ou 100 *mètres* ; que le *kilomètre* vaut 10 *hectomètres*, ou 100 *décamètres*, ou 1 000 mètres ; que le *myriamètre* vaut 10 *kilomètres*, ou 100 *hectomètres*, ou 1 000 *décamètres*, ou 10 000 *mètres*.

104. — Les sous-multiples du mètre sont :

Le DÉCIMÈTRE, qui vaut $0^m,1$
Le CENTIMÈTRE,   — $0^m,01$
Le MILLIMÈTRE,   — $0^m,001$

Le *décimètre* vaut 10 *centimètres* et 100 *millimètres*; le *centimètre* vaut 10 *millimètres*.

EXERCICES PRÉPARATOIRES

P. 228. — Quelle est la longueur en mètres du périmètre d'une terre triangulaire dont le premier côté a 12 décam., le second 15 décam. et le troisième 16 décam.?

P. 229. — Une forêt est bornée par quatre lignes droites : la première a 25 hectom. de longueur, la 2e, 29 hectom., la 3e, 45 hectom., et la 4e, 51 hectom.; quel est le contour de cette forêt en décamètres et en mètres?

P. 230. — La Dordogne est une rivière qui a un cours de 430 kilom.; la Durance, de 330 kilom.; la Saône, de 435 kilom.; la Meuse, de 900 kilom., et l'Allier, de 360 kilom.: quel est le parcours total en kilomètres, hectomètres, décamètres et mètres de ces cinq rivières?

P. 231. — Le cours du Rhin est de 130 myriam.; celui de la Loire, de $112^{mym},6$; celui de la Seine, de 80 myriam.; celui de la Garonne, de 59 myriam., et celui du Rhône, de $81^{mym},2$; quelle est la longueur totale de leur parcours en kilomètres, hectomètres, décamètres et mètres?

P. 232. — Le contour de la terre étant de 40 000 000 de mètres, le déterminer en lieues de poste, en myriamètres, en kilomètres, en hectomètres et en décamètres.

P. 233. — Quelle est la valeur en décimètres, centimètres et millimètres d'un mètre, d'un demi-mètre et d'un double-décimètre?

P. 234. — Quelle est la valeur en centimètres et en millimètres de 1 décimètre et de 3 décimètres?

P. 235. — Quelle est la valeur en millimètres de 1 centimètre et de 50 centimètres.

P. 236. — Quelle est la somme en mètres, décimètres, centimètres et millimètres de 4^m,25 + 1^m,052 + 6^m,6 ?

P. 237. — Quelle est la valeur en mètres de 12 décam., 15 hectom., 20 kilom. et 4 myriam. ?

APPLICATION

P. 238. — Il est généralement admis que 4 pas ordinaires valent 3 mèt. Dans cette supposition, de combien de pas est composé l'hectomètre, le kilomètre et le myriamètre ?

P. 239. — La lieue terrestre vaut 4 444 mèt. et la lieue marine 5 555 mèt. ; quelle est en lieues terrestres et marines la longueur du contour de la terre ?

P. 240. — Les voitures de roulage parcourent en moyenne 3^{km},500 à l'heure ; combien faudrait-il d'heures à un roulier pour parcourir 38^{km},500 ?

P. 241. — Par voie d'eau, la vitesse moyenne est de 5 kilom. à l'heure ; combien faudrait-il de temps pour exécuter 45 myriamètres de trajet ?

P. 242. — Par petite vitesse, un train de chemin de fer peut parcourir en moyenne 22^{km},500 à l'heure ; combien faudrait-il de temps à un train ordinaire pour transporter des marchandises à 45 lieues de poste ?

P. 243. — Par grande vitesse, un train ordinaire parcourt 35 kilom. à l'heure, tandis qu'une voiture publique n'en parcourt que 13 dans le même temps ; par ces deux modes de transport, combien faudrait-il employer d'heures pour franchir une distance de 45^{mym},5 ?

P. 244. — Les trains express ont une vitesse de 72 kilom. à l'heure et les bateaux à vapeur en ont une de 15 kilom. à l'heure ; combien emploierait-on d'heures pour parcourir 54 myriam. par train express et par bateau à vapeur ?

P. 245. — Le son parcourant 340 mètres par seconde, à quelle distance de deux nuages orageux se trouve un observateur qui entend le bruit du tonnerre 5 secondes après l'apparition de l'éclair ?

P. 246. — Le vent a une vitesse variable : un grand vent parcourt 36 milles marins en une heure ; pendant la tempête, il a une vitesse de 88 mille marins, et, pendant un ouragan, sa vitesse est de 120 milles marins. Déterminer ces différentes vitesses en myriamètres et kilomètres, le mille marin équivalant à $1^{km},852$.

P. 247. — La vitesse de la lumière est de 320 000 kilom. par seconde; à quelle distance de la terre se trouve placé le soleil, sachant que la lumière met 8 minutes (la minute vaut 60 secondes) 13 secondes pour arriver à notre planète? — Exprimer cette distance en lieues de poste, en myriamètres, en kilomètres, en décamètres et en mètres.

P. 248. — Combien faudrait-il de temps à un boulet de canon d'une vitesse de 380 mèt. par seconde pour traverser l'espace qui sépare la terre du soleil (p. 247)?

P. 249. — On a tiré un coup de canon à midi précis et le boulet est allé frapper une tour éloignée du point de départ de 3 245 mèt.; de combien de secondes le boulet est-il plus tôt arrivé que le bruit de la détonation (p. 245 et 248)?

P. 250. — Le mille d'Angleterre étant de 1 609 mèt., évaluer en milles 8 849^m,5 de longueur.

P. 251. — Le mille piémontais est de $2^{km},466$, celui de Toscane de 1 652 mèt. et celui du reste de l'Italie de 1 852 mèt.; quel est le nombre de chaque espèce de milles contenus dans 2 759^{mym},0009 ?

P. 252. — La lieue de poste de Sardaigne vaut 7 796 mèt.; sachant qu'il y a 13 lieues de poste sardes entre Turin et Alexandrie, déterminer la distance entre ces deux villes en kilomètres et en lieues de poste françaises?

P. 253. — De Lausanne à Berne, villes de la Suisse, il y a un parcours de 18 lieues 5/8; quelle est la longueur de ce parcours en lieues de poste françaises et en kilomètres, la lieue suisse ayant 4 800 mèt.?

P. 254. — Quelle distance existe-t-il entre les deux villes espagnoles, Vitoria et Miranda, qui sont séparées par un parcours de 6 lieues d'Espagne de chacune 5 562 mèt., cette distance exprimée en myriamètres et en lieues de poste françaises?

P. 255. — Les lieues d'Allemagne sont de 7 416 mèt.; quelle est la distance, — en myriamètres, en lieues de poste de France et en kilomètres, — qui sépare les deux villes d'Aix-la-Chapelle et de Cologne, ces deux villes étant distantes de 9 lieues 1/4 allemandes?

DRAINAGE

On appelle drainage l'opération qui a pour but de donner aux eaux stagnantes dont peuvent être imbibés les terrains, un écoulement régulier, sans cependant produire un desséchement complet, aussi funeste qu'une trop grande humidité. — On fait usage de *tuyaux cylindriques en terre cuite,* destinés à recevoir les eaux et à les conduire hors du terrain qu'elles imprègnent. Leur longueur et leur diamètre varient. On les place au fond des tranchées pratiquées dans le sol à drainer.

P. 256. — Combien payerait-on à un ouvrier terrassier pour l'ouverture de tranchées de drainage, sachant que cet ouvrier a fouillé 434^m,93 de tranchées à 1 mètre de profondeur et qu'il a été payé à raison de 0^f,10 le *mètre courant* (mètre en longueur)?

P. 257. — Fouillées à 1^m,10 de profondeur, les tranchées de drainage se payent 0^f,11 le mètre courant; à 1^m,20 de profondeur, 0^f,12; à 1^m,30 de profondeur, 0^f,15; à 1^m,40 de profondeur, 0^f,17, et à 1^m,50 de profondeur, 0^f,20; quelle somme faudrait-il dépenser pour fouiller à ces diverses profondeurs 528 mètres de tranchées?

P. 258. — Les tuyaux de drainage, de 0^m,035 de diamètre intérieur sur 0^m,31 de longueur, valent 20 fr. le mille; ceux de 0^m,045 de diam., 24 fr. le mille; ceux de 0^m,055 de diam., 27 fr. le mille; ceux de 0^m,065 de diam., 30 fr. le mille; ceux de 0^m,75 de diam., 4^f,50 le cent, et ceux de 0^m,09 de diam., 6 fr. le cent. Posés bout à bout, quel serait le prix de revient de ces diverses espèces de tuyaux placés dans six tranchées de chacune 528 mèt. de longueur?

P. 259. — Le remplissage des tranchées de drainage ne se paye que la moitié du prix affecté à la fouille; d'après cette donnée, quelle serait la dépense définitive du drainage d'un terrain à 6 tranchées de chacune 75 mètres de longueur, si on employait successivement à cet usage, et à titre de comparaison, les tuyaux dont il est parlé dans le problème précédent, les profondeurs étant de 1 mèt.; 1^m,10; 1^m,30; 1^m,40; 1^m,50 pour chaque nature de tuyaux, les plus petits étant placés dans la tranchée d'un mètre de profondeur, ceux de 0^m,045 dans la tranchée de 1^m,10, etc., etc.?

P. 260. — Que coûterait le drainage d'une terre rectangulaire de 100 mèt. de largeur sur 102^m,30, les tranchées étant espacées de 10 mèt. et ayant une profondeur de 1^m,20, les calculs étant basés sur les problèmes n°s 257 à 259 inclusivement et les tuyaux ayant un diam. de 0^m,035?

Remarque. *Chaque rangée de tuyaux agit à droite et à gauche sur une bande de terre de même largeur.*

P. 261. — On a drainé un sol glaiseux de 89^m,90 de longueur sur 45 mèt. de largeur, à 1^m,20 de profondeur, dans le sens de la largeur; à cet effet, on a employé des tuyaux de 0^m,045 de diam.; combien a-t-on dépensé, les drains étant placés de 7^m,50 en 7^m,50 (p. 257 à 259 y compris)?

P. 262. — Une terre grasse a été drainée à 1^m,20 de profondeur; les drains étant séparés par des espacements de 10^m,50, les tuyaux ayant 0^m,055 de diam. et la terre ayant 115^m,63 de longueur sur 84 mèt. de largeur, le tout calculé d'ailleurs d'après les données des problèmes 257, 258 et 259, à quel chiffre s'élève cette dépense?

P. 263. — On a drainé dans le sens de la largeur et à 1^m,40 de profondeur un terrain tourbeux de 122^m,50 de longueur sur 87^m,42 de largeur, en employant des tuyaux de 0^m,065 de diam., espacés de 12^m,25. Quel est le capital employé (p. 257, 258, 259)?

P. 264. — Un terrain crayeux de 114 mèt. de longueur sur 93 mèt. de largeur doit être drainé dans le sens de la largeur; mais avant cette opération, le propriétaire du terrain veut connaître le capital qu'il doit employer, sachant que les tranchées auront 1^m,50 de profondeur, qu'elles seront séparées par des espaces de 9^m,50 et que les tuyaux auront 0^m,055 de diam. Calculer le chiffre de ce capital suivant les problèmes 257, 258 et 259.

P. 265. — Un terrain à sable terreux de 310 mèt. de longueur sur 168 mèt. de largeur a été drainé avec des tuyaux de 0^m,09 de diam., placés dans le sens de la longueur dans des saignées de 1^m,50 de profondeur, espacées de 14 mèt.; combien a coûté ce drainage (p. 257, 258 et 259)?

P. 266. — D'après le professeur Du Breuil, du Conservatoire impérial des arts et métiers, un verger drainé doit avoir des tranchées de 1 mèt. à 1^m,20 de profondeur, agissant chacune de chaque côté sur une bande de terrain de 5 mèt. de largeur. D'après ces données, combien faudrait-il de tuyaux de drainage de 0^m,31 de longueur pour drainer un verger d'une largeur de 50 mèt. et d'une longueur de 93 mèt., les drains placés suivant le sens de la longueur du terrain? — Combien coûterait ce drainage (p. 257 et suiv.)?

P. 267. — Combien payerait-on 20 poteaux, avec rainure de chaque côté, pour cloisons de brique de champ, sachant que chaque poteau a 2^m,65 de longueur et que, tous frais compris, le mètre courant vaut 1^f,15?

P. 268. — Quel serait le prix de la fourniture et de la pose de 112^m,50 de plinthes et cymaises, le mètre courant étant calculé sur le pied de 0^f,60?

P. 269. — Que coûterait un pantalon de drap en satin noir d'Elbeuf composé de 1^m,20 de longueur à 25 fr. le mèt., la doublure, les fournitures et la façon étant comptées 5^f,25?

P. 270. — Une robe se compose de 7^m,40 d'étoffe de laine; combien payera-t-on au marchand, le mètre valant 3^f,75?

P. 271. — Pour 68^f,30, on a acheté 5^m,40 de drap noir pour redingote; quel est le prix du mètre?

P. 272. — Une pièce de toile de calicot a 52 mètres et coûte 65 fr. On veut convertir cette toile en chemises; sachant qu'une chemise se compose de 3 mèt. de cette toile et que la couturière prend 1 fr. 25 par chemise pour façon et fournitures, on demande à combien revient la pièce convertie en chemises?

P. 273. — Combien y a-t-il de devants de gilet dans une pièce d'étoffe de 9 mèt., sachant qu'il faut 0^m,60 pour un devant?

P. 274. — Il faut 2^m,10 de drap noir de Sedan pour une redingote; on désirerait savoir à quelle somme s'élèverait une redingote, sachant que le drap de Sedan vaut 16^f,75, et que le tailleur prend 15 fr. pour fournitures et confection?

P. 275. — A quel prix reviendrait un habit noir en drap de Sedan de qualité supérieure, le tailleur employant 2^m,20 de drap, le drap valant 18^f,75 le mètre, et la confection et les fournitures de toutes sortes étant comptées sur le pied de 20 fr. ?

P. 276. — Un marchand tailleur a vendu 63 fr. un paletot de drap noir côtelé , façon et fournitures comprises ; dites combien il a employé de mètres de drap, la façon et les fournitures étant comprises pour 21 fr. 75, et le drap étant coté 18^f,75 le mètre ?

P. 277. — On a employé 2^m,20 de flanelle de santé, dite d'Écosse, pour la confection d'un gilet à manches ; la flanelle ayant une valeur de 3^f,25 le mètre et la façon une valeur de 1^f,75, déterminer le prix de revient de ce gilet.

P. 278. — Dire qu'un dessin est à l'échelle de 1 à 2 500, cela signifie qu'en multipliant les lignes du dessin par 2 500 on obtient en mètres les longueurs réelles qui leur correspondent sur le terrain. Quelles sont les longueurs, sur le terrain, des côtés d'une figure triangulaire dont le premier côté a, sur le dessin, 0^m,015, le second 0^m,020, et le troisième 0^m,018 ?

P. 279. — Une ligne a 135 millimètres sur un dessin à l'échelle de 1 à 2 000 (1/2 millim. vaut 1 mèt.) ; quelle est la longueur correspondante sur le terrain ?

P. 280. — Quelle est la longueur réelle d'une ligne représentée sur un dessin par 0^m,25, sachant que le dessin est à l'échelle de 1 à 500 (2 millimètres représentent 1 mètre) ?

P. 281. — Quelle est la longueur d'une ligne de 450 millim. figurée sur un dessin à l'échelle de 1 à 100 (le centimètre représente 1 mètre) ?

P. 282. — Une ligne, mesurée entre deux bornes, a 25 mèt. ; par quelle ligne serait-elle figurée sur un dessin à l'échelle de 1 à 10 (le décimètre, sur la figure, doit représenter 1 mèt.) ?

MESURES DE SURFACE

§ 1er.

105. — L'unité des mesures de surface est le MÈTRE CARRÉ ; c'est une surface carrée qui a *un mètre de côté*.

106. — Le mètre carré contient 100 *décimètres carrés*, 10 000 *centimètres carrés* et 1 000 000 de *millimètres carrés*.

4.

107. — Le DÉCIMÈTRE CARRÉ, surface carrée d'un décimètre de côté, vaut 100 centimètres carrés et 10 000 millimètres carrés. Il est le 0,01 du mètre carré.

108. — Le CENTIMÈTRE CARRÉ est une surface carrée d'un centimètre de côté, qui contient 100 millimètres carrés. Il est le 0,0001 du mètre carré.

109. — Le MILLIMÈTRE CARRÉ est une surface carrée de 1 millimètre de côté. Il est le 0,000001 du mètre carré.

110. — En résumant ce qui précède, on voit que les unités de décimètre carré se placent au rang des centièmes, et les dizaines au rang des dixièmes. — EXEMPLE : $0^{mq},25$. Ce nombre se lit : 20 *décimètres carrés*, 5 *décimètres carrés*, ou encore 25 *décimètres carrés*, lecture la plus en usage.

111. — Les centimètres carrés occupent, savoir : les unités, le rang des dix-millièmes, et les dizaines, le rang des millièmes.— Ex. : $0^{mq},0032$; ce nombre égale 30 *centimètres carrés*, plus 2 *centimètres carrés*, ou 32 *centimètres carrés*.

112.— Les millimètres carrés occupent : leurs unités, le rang des millionièmes; leurs dizaines, le rang des cent-millièmes. — Ex. : $0^{mq},000075$, soit 70 *millimètres carrés* 5 *millimètres carrés*, ou 75 *millimètres carrés*.

Remarque. — *Tout nombre décimal exprimant des carrés doit être terminé par un nombre pair de chiffres décimaux*. A cet effet, si le nombre de ces chiffres est impair, on ajoute à sa droite un zéro (n° 50).

113. — La surface d'une *figure carrée* quelconque s'obtient en multipliant par *elle-même* la longueur d'un de ses côtés.

EXEMPLE. — *Déterminer la surface d'un carré de 12 mètres de côté.*

Cette surface est : $12 \times 12 = 144$ mètres carrés.

114. — La surface du *rectangle* (vulgairement appelé *carré long*) s'obtient en multipliant sa longueur par sa largeur.

EXEMPLE. *Quelle est la surface d'un rectangle de* 1ᵐ,25 *de longueur et de* 1ᵐ,20 *de largeur?*

Cette surface égale : $1,25 \times 1,20 = 1^{mq},50$.

115. — La surface du *triangle* se trouve en multipliant sa base par sa hauteur et en prenant ensuite la moitié du produit. La hauteur du triangle s'obtient en abaissant une perpendiculaire de son sommet sur sa base ou sur le prolongement de cette base.

EXEMPLE. — *Quelle est la surface d'un triangle de* 6ᵐ,50 *de base et de* 5ᵐ,10 *de hauteur?*

SOLUTION : $\dfrac{6,50 \times 5,10}{2} = 16^{mq}9,5750$.

116. — La surface du *polygone régulier* (figure à plusieurs côtés égaux et à angles égaux) est égale à la somme de ses côtés multipliée par la moitié de son apothème (ligne droite partant du centre du polygone et tombant perpendiculairement sur le milieu d'un de ses côtés).

EXEMPLE. — *Un polygone régulier de 6 côtés de chacun* 28ᵐ,50, *a son apothème de 25 m.; quelle est sa surface?*

SOLUTION : $28,50 \times 6 = 171 \times \dfrac{25}{2} = 2\,137^{mq},50$.

117. — Tout *polygone irrégulier* peut être décomposé en triangles. Sa surface se compose de la surface de tous les triangles que l'on peut décrire sur son aire, au moyen de lignes droites partant du sommet d'un angle du polygone et aboutissant aux angles opposés.

118. — La surface du *trapèze* (quadrilatère à deux côtés parallèles seulement) est égale à la moitié de la somme de ses deux côtés parallèles multipliée par sa hauteur.

EXEMPLE. — *Un trapèze de 4ᵐ,25 de hauteur a pour longueur d'un de ses côtés parallèles 6ᵐ,15 et pour longueur de l'autre côté 7ᵐ,55 ; quelle est sa surface ?*

SOLUTION : $\dfrac{6,15+7,55}{2} \times 4,25 = 29^{mq},1125.$

119. — La surface du *parallélogramme* (espèce de rectangle à angles aigus et obtus) est égale au produit de sa base par sa hauteur.

EXEMPLE. — *Quelle est la superficie d'un parallélogramme de 13ᵐ,05 de longueur et 6ᵐ,45 de hauteur ?*

SOLUTION : $13^{m},05 \times 6,45 = 84^{mq},1725.$

120. — La surface du *losange* (quadrilatère à côtés égaux, mais à angles aigus et obtus) s'obtient en multipliant un de ses côtés par sa hauteur.

EXEMPLE. *Un losange a 6ᵐ,25 de côté et 3ᵐ de hauteur ; quelle est sa surface ?*

SOLUTION : $6^{m},25 \times 3 = 18^{mq},75.$

121. — La surface du *cercle* s'obtient en multipliant 3,1416 par le carré du rayon ; elle s'obtient également en multipliant la longueur de la circonférence par la moitié du rayon.

EXEMPLE. — *Un cercle a 3ᵐ de rayon ; quelle est sa surface ?*

1ʳᵉ SOLUTION : $3 \times 3 = 9 \times 3,1416 = 28^{mq},2744.$

2ᵉ SOLUTION. — Pour trouver la circonférence d'un cercle de 3 mètres de rayon ou de 6 mètres de diamètre (deux rayons), on multiplie le diamètre par 3,1416 ; — $6 \times 3,1416 = 18,8496$; — $18,8496 \times 1,5 = 28^{mq},2744.$ Le facteur 1,5 est la moitié du rayon.

Connaissant la circonférence, on déduit la longueur du rayon en divisant cette circonférence par 3,1416 et en prenant la moitié du quotient.

EXEMPLE. — *Une circonférence a* $12^m,5664$; *quel est son rayon ?*

SOLUTION : $\dfrac{12,5664}{3,1416}=4$; $-\dfrac{4}{2}=2$, rayon cherché.

122. — La surface de la *sphère* est égale à celle de quatre de ses *grands cercles*. On appelle *grand cercle* d'une sphère, un cercle qui a pour centre le centre de la sphère et pour circonférence la circonférence de cette sphère.

EXEMPLE. — *Quelle serait la surface d'un corps sphérique de 2 mètres de rayon ?*

SOLUTION : Surface d'un grand cercle (121) : $3,1416 \times 4 = 12^{mq},5664$; — surface de quatre grands cercles ou de la sphère elle-même : $12^{mq},5664 \times 4 = 50^{mq},2656$.

EXERCICES PRÉPARATOIRES

Écrire en chiffres les quantités suivantes et en faire ensuite les additions.

P. 283. — Deux mètres carrés quarante-deux décimètres carrés ; quinze mètres carrés quatorze décimètres carrés ; quatre décimètres carrés.

P. 284. — Vingt-deux mètres carrés ; vingt-deux centimètres carrés ; vingt-deux millimètres carrés.

P. 285. — Cinq mètres carrés ; cinq décimètres carrés ; cinq centimètres carrés.

P. 286. — Trente-deux décimètres carrés ; quarante centimètres carrés ; douze millimètres carrés.

P. 287. — Huit décimètres carrés ; huit centimètres carrés ; huit millimètres carrés.

Écrire en chiffres les nombres suivants et faire ensuite les opérations convenables.

P. 288. — De quatre mètres carrés cinq décimètres carrés douze millimètres carrés, retrancher trente-six décimètres carrés sept centimètres carrés.

P. 289. — De six mille quatre centimètres carrés, retrancher sept cent soixante-quinze centimètres carrés.

P. 290. — Quel est le nombre qu'il faut ajouter à six mètres carrés vingt-huit centimètres carrés pour avoir sept mètres carrés?

P. 291. — Une règle avait une surface de douze décimètres carrés vingt-cinq centimètres carrés; il en a été retranché six décimètres carrés treize centimètres carrés; quelle est la surface actuelle de la règle?

P. 292. — Une feuille de papier d'une surface de seize décimètres carrés quatre centimètres carrés a été coupée en deux parties inégales : une de ces parties a une surface de sept décimètres carrés quarante-huit millimètres carrés; quelle est la surface de l'autre partie?

P. 293. — Quelle est la surface d'une planchette de cinquante centimètres de longueur sur vingt-cinq centimètres de largeur?

P. 294. — Quelle est la superficie d'une ardoise de deux cent douze millimètres de largeur sur vingt-trois centimètres de longueur?

P. 295. — Quelle est la surface d'un carré de papier de cent vingt-cinq millimètres de côté?

P. 296. — Pour construire une boîte, on a réuni six surfaces égales de chacune quatre-vingt-dix-neuf centimètres carrés douze millimètres carrés; quelle est la surface totale de cette boîte?

P. 297. — Diviser quatre mètres carrés vingt-quatre décimètres carrés par six.

P. 298. — Combien de fois le nombre cinq cent vingt-quatre centimètres carrés est-il contenu dans cinq mille cinq cent deux centimètres carrés?

P. 299. — Onze tables rondes ont ensemble une surface de treize mètres carrés deux mille cinquante-cinq centimètres carrés; quelle est la surface d'une de ces tables?

P. 300. — Par quel nombre faut-il multiplier deux mille cent cinquante centimètres carrés pour trouver trois mètres carrés six mille six cent cinquante centimètres carrés?

P. 301. — Un scieur de long a débité un madrier de noyer en seize carrés égaux; quelle est la surface de chacun de ces carrés, celle du madrier étant de un mètre carré huit mille deux cent cinquante-deux centimètres carrés?

APPLICATION

P. 302. — Quelle somme payerait-on à un ouvrier pour faire le pavé d'une cour de 24 mètres de longueur sur 18 mètres de largeur, à raison de 0^f,25 le mètre carré?

P. 303. — Vaudrait-il mieux payer le maître paveur 0^f,25 l'heure et son garçon servant 0^f,14 l'heure, que de donner 432 fr. pour le pavé de la cour dont il est question dans le problème précédent, la journée de travail étant de 10 heures, et ces deux ouvriers travaillant 30 jours pour faire ce pavé?

P. 304. — Le béton économique se compose du mélange suivant :

Sable, gravier, cailloutis	7 parties.
Terre argileuse commune grasse non cuite.	3 —
Chaux non délitée	1 —

Il revient à 0^f,162 le mètre carré de 0^m,05 d'épaisseur. Que coûterait le dallage en béton économique d'une écurie de 13 mèt. de long sur 8^m,50 de large?

P. 305. — Une muraille en moellons, de 32^m,50 de longueur et de 1^m,25 de hauteur, a été construite en 15 jours par un maçon qui a reçu 30 fr.; ce maçon eût-il mieux fait de construire, dans le même temps, cette muraille à raison de 0^f,80 le mètre superficiel?

P. 306. — Pour débiter une pièce de bois de 3^m,50 de longueur et de 0^m,60 d'épaisseur, un scieur de long, en s'engageant à faire 12 traits de scie, demande 10 fr. de salaire, et un autre scieur de long propose de faire le même ouvrage sur le pied de 0^f,25 le mètre superficiel; quel mode doit-on préférer et que gagne-t-on à cette préférence?

P. 307. — Ferait-on mieux de faire débiter cette pièce (p. 306) à la journée par deux scieurs de long, travaillant 18 heures 1/2 et gagnant chacun 2 fr. par journée de 10 heures ?

P. 308. — Que coûterait la confection d'un pan de mur de 6ᵐ,66 de longueur sur 3ᵐ,33 de hauteur, le mètre carré étant estimé 2 fr. 50, toutes fournitures faites par l'ouvrier maçon ?

P. 309. — Un menuisier a planchéié un grenier en bois de chêne et a fait la fourniture des chevrons et des pointes ; sachant que ce grenier a 9ᵐ,33 de longueur sur 5ᵐ,67 de largeur, et que le mètre carré lui a été payé 4ᶠ,70, on désire connaître la somme donnée à ce menuisier.

P. 310. — Le déchet du bois travaillé est de 1/20. Quelle perte supporteraient 115 planches de 0ᵐ,35 de largeur sur 2 mèt. de longueur, une fois confectionnées ?

P. 311. — Un plancher en peuplier et à chevrons en bois de chêne a 12ᵐ,50 de longueur sur 9ᵐ,33 de largeur ; il a été payé à un entrepreneur à raison de 3 fr. le mètre carré ; quel est le coût de ce plancher ?

P. 312. — On a fait couvrir en tuiles creuses une grange dont la charpente a 12ᵐ,75 de largeur sur 18ᵐ,60 de longueur ; le mètre superficiel de voliges jointives en peuplier se payant 1ᶠ,15, et le mètre superficiel de tuiles creuses 1ᶠ,50, fourniture de pointes comprise, on demande combien a coûté la couverture de cette grange ?

P. 313. — Combien faudrait-il de tuiles creuses pour la couverture d'une maison de 15 mèt. de longueur sur 12 mèt. de largeur, le mètre superficiel de couverture comprenant 40 tuiles, et quel serait le prix de ces tuiles, sachant qu'elles valent 26 fr. le mille conduites à pied d'œuvre ?

Remarque. — Par longueur et largeur de la couverture d'une maison, il faut entendre la longueur et la largeur de la toiture ; ces dimensions prises, pour la longueur, suivant la ligne de faîtage, et, pour la largeur, suivant les lignes de pente des versants.

P. 314. — Quelle est la somme qu'il faudrait donner à un ouvrier couvreur pour fourniture de mortier et bénéfice, si, pour la pose de 1 mètre superficiel de tuiles creuses, il recevait 0ᶠ,38, et s'il était chargé de faire la couverture de la maison dont il est parlé au p. 313 ?

P. 315. — Pour clouer 1 mètre superficiel de voliges jointives, il faut **125** grammes de pointes. Combien en faudrait-il pour clouer les voliges de la grange du p. 312, et quelle serait la valeur des pointes employées, le kilogramme valant 0^f,80?

P. 316. — Une cuisine a été planchéiée en bois de châtaignier; cette cuisine ayant 5 mèt. de longueur sur 4^m,50 de largeur, quel est le prix de ce plancher, le mètre superficiel étant payé sur le pied de 4 fr. ?

P. 317. — Si le menuisier faisait la fourniture des chevrons en chêne d'un équarrissage de 21 centimèt. sur 23, espacés de 50 en 50 centimèt., d'axe en axe, on demande combien coûterait définitivement le plancher du p. 316, le mètre courant de chevron se payant 1^f,05.

P. 318. — Combien faudrait-il employer de chevrons en chêne pour un plancher de 5 mèt. de longueur et de 4 mèt. de largeur, ces chevrons étant distants de 50 centimèt., d'axe en axe, et quel serait le prix de ce plancher, supposé en planches de chêne, sachant que le mètre carré de planches vaut 4 fr., et que les chevrons, placés dans le sens de la largeur, valent 1^f,05 le mètre courant?

P. 319. — Deux chambres ont été séparées par une cloison en briques de champ, enduites à deux couches sur leurs deux faces; cette cloison ayant 5^m,33 de longueur sur 3^m,33 de hauteur et ayant été payée à raison de 1^f,75 le mètre carré, on veut savoir combien elle a coûté.

P. 320. — Le mètre superficiel de plafond avec lattes en châtaignier à trois couches, — la première en mortier de chaux grasse mêlée de bourre, la deuxième en plâtre gris et la troisième en plâtre blanc, — se paye 1^f,75; combien dépenserait-on pour la confection d'un plafond de 5^m,33 sur 3^m,66?

P. 321. — Un tapissier a été chargé de la fourniture et de la pose du papier de tapisserie d'un appartement carré de 6^m,66 de longueur sur 3 mèt. de hauteur; il a reçu, par mètre carré de tapisserie, 0^f,75, et pour fourniture et pose de la bordure 0^f,05 par mètre courant; on demande à quelle somme s'est élevée cette tapisserie, sachant qu'il a été placé deux bandes de bordure, une en bas et l'autre en haut de l'appartement.

P. 322. — A quel prix reviendrait cette même tapisserie (p. 321), si le bas de l'appartement avait un lambris de 0^m,80 de hauteur?

P. 323. — Quelle serait la dépense à faire pour enduire en plâtre, à une couche, une chambre rectangulaire de 6^m,65 de longueur, 5 mèt. de largeur et 2^m,65 de hauteur, l'enduit valant 0^f,40 le mètre carré?

P. 324. — Combien dépenserait-on pour l'enduit au mortier avec blanc en bourre, blanchi au lait de chaux, d'une chambre de 4^m,50 de longueur, 4 mèt. de largeur et 2^m,65 de hauteur, à raison de 0^f,60 le mètre superficiel?

P. 325. — Le mètre superficiel d'enduit au balai à chaux hydraulique, pour extérieur, vaut 0^f,85; que coûterait l'enduit au balai de la façade d'une maison de 12 mèt. de longueur sur 7^m,35 de hauteur?

P. 326. — On a fait enduire au mortier de chaux les quatre façades, ouvertures non déduites, d'une maison carrée de 20 mèt. de longueur sur 8 mèt. de hauteur; que coûterait cet enduit à 0^f,50 le mètre superficiel, déduction faite des coins ou angles en saillie, dont la largeur est de 0^m,50 pour chacun?

P. 327. — Un peintre demande 0^f,30 par mètre carré pour un granit à la colle d'une longueur développée de 115 mèt. sur 0^m,65 de hauteur; combien recevra-t-il?

P. 328. — Combien donnerait-on pour faire peindre 15 paires de contrevents ayant chacune 1^m,66 de hauteur sur 1^m,20 de largeur, le mètre carré de peinture à l'huile, à trois couches, étant calculé sur le pied de 1 fr.?

Remarque. — Les contrevents et les portes pleines étant peints des deux côtés, il faut doubler leur surface pour obtenir la peinture effective.

P. 329. — Que coûterait la même peinture au vert-de-gris, le mètre superficiel valant 1^f,40 (p. 328)?

P. 330. — On voudrait connaître combien on dépenserait pour faire peindre, en gris à la colle, un plancher de 5^m,33 de longueur sur 3^m,66 de largeur, sachant que la surface du plancher doit être augmentée de sa moitié, en considération des surfaces latérales des chevrons, et que le mètre superficiel vaut 0^f,15.

P. 331. — Une maison a 18 croisées, composées chacune de 6 carreaux de verre de 0^m,40 sur 0^m,35; quelle est la somme qui a été payée au vitrier pour la fourniture et la pose du verre, ce dernier étant de 5 fr. le mètre superficiel?

P. 332. — La peinture des croisées se calcule en mesurant une seule face, l'autre face tenant lieu de compensation pour les vides des carreaux. On a payé 20^f,25 la peinture à l'huile, à trois couches, de 15 croisées, dormants compris, ayant chacune 1^m,935 de surface; quel est le prix du mètre de peinture ?

P. 333. — Une table circulaire de 1 mèt. de diamètre doit être payée sur le pied de 12 fr. le mètre carré; quel est le prix d'achat de cette table ?

P. 334. — Quelle est la surface de la muraille qui sépare l'empire chinois de la Sibérie, sachant que cette muraille a 1 800 kilom. de longueur sur 8 mèt. de hauteur? Exprimer cette surface en kilomètres carrés.

P. 335. — Un centimètre carré de la surface terrestre supporte une colonne d'air de 1^{ks},033. Quel est le poids d'air supporté par un homme, en supposant que son corps ait une surface de 1 mèt. carré 5 décim. carrés?

P. 336. — On désirerait savoir combien il faudrait acheter de briques simples pour la confection de cloisons de 25 mèt. de longueur sur 3 mèt. de hauteur, sachant qu'il faut 50 briques de champ, déchet compris, par mètre superficiel;—quel serait le prix de ces briques, calculé sur le pied de 15 fr. le mille, et quel serait le prix des mêmes briques, supposées doubles, le mille valant 25 fr.?

P. 337. — Un pavé en briques se compose de 250 losanges de 0^m,15 de côté sur 0^m,12 de hauteur. Quelle est la surface de ce pavé?

P. 338. — On veut faire doubler en zinc un cylindre de bois (excepté ses deux bases circulaires) de 0^m,56 de circonférence et de 0^m,60 de hauteur; combien faudra-t-il employer de zinc, et combien coûterait-il, le mètre carré posé valant 10 fr. ?

P. 339. — La surface extérieure de la maçonnerie d'une maison s'obtient en mesurant deux murs extérieurement et deux murs intérieurement, sans en déduire les ouvertures. Quelle est la somme qu'a reçue un maître maçon pour la construction des quatre murs de même hauteur d'une maison, élevée sur un rectangle de 13^m,33 de longueur, de 10^m,66 de largeur et de 8^m,66 de hauteur, le maçon ayant été payé à raison de 3 fr. 75 les 4 mèt. superficiels, fournitures non comprises?

P. 340. — Lorsque le mur d'une bâtisse n'a pas une hauteur régulière, il a alors la forme d'un trapèze, et sa surface s'obtient en multipliant par la longueur du mur la moitié de la somme des hauteurs de ses deux coins ou angles. Trouver la surface du mur de façade d'une maison dont la longueur est de 12^m,50 et la hauteur des coins 6^m,25 et 5^m,75.

P. 341. — Que coûterait une porte-croisée en chêne, avec imposte, ayant 2^m,68 de hauteur et 1^m,33 de largeur, le mètre superficiel valant 9^f,75, bâti dormant compris ?

P. 342. — Un appartement a une porte pleine en châtaignier de 2 mèt. de hauteur et de 1^m,10 de largeur ; quelle est la valeur de cette menuiserie, le mètre superficiel de porte pleine valant 7^f,50 ?

P. 343. — Que payerait-on pour 4 croisées en chêne de chacune 1^m,50 de hauteur sur 1 mèt. de largeur, bâti compris, à 8^m,25 le mètre carré ?

P. 344. — Quel serait le prix d'une porte à chambranle à panneaux en peuplier avec emboîtures en châtaignier de 1^m,85 de hauteur et 1^m,10 de largeur, chambranle compris, à raison de 8^f,25 le mèt. carré?

P. 345. — Combien coûteraient les contrevents du p. 328 (en châtaignier ou en sapin), à raison de 7 fr. le mètre carré ?

P. 346. — En terme d'architecture, on appelle pignon un mur terminé en pointe ; ordinairement, les bâtisses ont deux pignons dont la forme est celle d'un triangle isocèle ; les pignons ont pour hauteur le quart de la largeur des murs sur lesquels ils sont élevés. On demande ce que coûterait la construction dont il est question dans le p. 339, en supposant deux murs à pignon sur le sens de la largeur, et le prix du mètre à 3 fr., toutes fournitures au compte de l'entrepreneur.

Nota. — On trouvera, à la fin du volume, sous forme d'appendice, des problèmes sur les anciennes mesures de surface qui sont encore en usage dans le commerce des bois.

MESURES DE SURFACE

§ 2.

123. — Les mesures de surface appliquées à l'évaluation de la surface des terrains prennent le nom de MESURES AGRAIRES.

124. — L'*are*, ou le carré du décamètre, est l'unité des mesures agraires. Il contient 100 mètres carrés, d'où il suit que le *centiare* n'est autre chose qu'*un mètre carré*.

125. — L'*are* a pour multiple l'*hectare* (cent ares), carré de 100 mètres de côté et de 10 000 mètres carrés de surface.

126. — Les surfaces considérables s'évaluent en kilomètres carrés, myriamètres carrés, lieues carrées.

127. — Sur le terrain, l'are, l'hectare, etc., n'ont pas toujours la forme de carrés parfaits; par ces expressions on doit entendre des surfaces équivalentes à un are, un hectare, etc.

LECTURE DES MESURES AGRAIRES.

Lire les nombres 4 563,25 et 161,825, en prenant successivement pour unité l'are et l'hectare.

1° 4 563 ares 25 centiares.

2° 4 563 hectares 25 ares.

1° 161 ares 82 centiares 50 décimètres carrés.

2° 161 hectares 82 ares 50 centiares.

Remarque. — Ainsi qu'il est dit à la remarque du n° 112, il faut que les parties décimales de tout nombre exprimant des surfaces soient représentées par un nombre pair de chiffres; c'est pour cela que dans les n°ˢ 1 et 2 du 2ᵉ exemple ci-dessus il a été ajouté un zéro à la droite du 5.

EXERCICES PRÉPARATOIRES

P. 347. — La France a une superficie de 52 800 000 hectares; quelle est cette superficie en lieues carrées, myriamètres carrés et kilomètres carrés ?

P. 348. — Un domaine cultivé suivant l'assolement alterne se compose de neuf parcelles : la 1re a une étendue de 35ª,25; la 2ᵉ en a une de 37ª,17; la 3ᵉ, une de 45ª,30 ; la 4ᵉ, une de 41ª,28 ; la 5ᵉ, une de 39ª,95 ; la 6ᵉ, une de 33ª,66 ; la 7ᵉ, une de 48 ares ; la 8ᵉ, une de 41ª,19, et la 9ᵉ, une de 75 ares. Quelle est la contenance totale?

P. 349. — Une terre labourable avait une contenance de 4 hectares; il a été converti en pré 1ʰᵃ,2256; quelle est la surface actuelle de cette terre?

P. 350. — Une châtaigneraie a une surface de 45ª,30; combien faudrait-il ajouter à cette surface pour avoir 2 hectares?

P. 351. — Un domaine a été partagé en quatre parties égales, de manière que chacune a 6ʰᵃ,2504 de terres labourables, 2ʰᵃ,4029 de prairies, est 1ʰᵃ,0005 de bois ; quelle est la surface totale de ce domaine?

P. 352. — Combien reviendrait-il à trois héritiers qui ont à se partager par lots égaux 6ʰᵃ,2475 de terres cultivables, 3ʰᵃ,0015 de prairies et 92ª,43 de bois ?

APPLICATION

P. 353. — Quel est le prix d'une terre labourable de forme carrée, chacun de ses côtés ayant 150 mèt. de longueur, et le terrain se vendant 6 000 fr. l'hectare?

P. 354. — Il faut 20 mèt. cubes de fumier pour la fumure de 1 hectare ; quelle est la quantité de fumier qu'il faudrait employer sur un terrain de 150 mèt. de longueur sur 115 mèt. de largeur, et quel serait le prix de ce fumier, le mètre cube valant 3ᶠ,50?

NOTA. — Sauf indications contraires, chaque fois qu'il sera question d'un terrain, ce terrain aura la forme d'un rectangle.

P. 355. — Une terre de 128 mèt. de longueur et de 75 mèt. de largeur doit être cultivée à bras; sachant qu'il faut 20 journées d'homme de 10 heures pour la culture d'un hectare, combien en faudrait-il pour celle de cette terre, et combien donnerait-on à ces hommes, chacun d'eux recevant 1^f,50 par journée de 10 heures?

P. 356. — Un ouvrier peut, en une journée de 10 heures, faucher 25 ares de pré; combien lui faudrait-il de temps pour couper l'herbe d'un pré de 48 mèt. de longueur sur 34^m,50 de large, et combien recevrait-il, à raison de 1^f,50 par jour?

P. 357. Quelle serait la valeur nette de la récolte en froment d'une terre de 1^{ha},5025, sachant : 1° que le fumier employé à raison de 20 mètres cubes par hectare a une valeur de 3^f,50 le mètre cube; 2° que le semis de 1^{hl},50 par hectare vaut 20 fr. l'hectolitre; 3° qu'il faut 2 journées 1/2 de 8 heures de deux bœufs d'attelage par hectare, la journée étant de 6 fr., y compris le salaire du conducteur; 4° qu'il faut 20 journées d'homme de 1 fr. 50 par hectare pour la culture; 5° que le rendement moyen est de 15 hectolitres de froment par hectare, d'une valeur de 20 fr. l'hectolitre; 6° que la paille est dans la proportion de 165 kilog. par hectolitre de grains et qu'elle vaut 42 fr. les 1000 kilog. ?

P. 358. — Combien économiserait-on sur un labour de 2^{ha},25 en employant un attelage de 2 chevaux de préférence à un attelage de 2 bœufs, les chevaux labourant un cinquième de plus que les bœufs par chaque journée de 8 heures, le prix de la journée étant aussi de 6 fr. par attelage de chevaux?

P. 359. — Une terre rectangulaire de 310 mètres de longueur sur 275^m,10 de largeur a été repiquée en betteraves, combien a-t-il fallu employer de plants, sachant qu'un mètre carré contient 6 pieds de betteraves?

P. 360. — Quelle serait la quantité de tubercules de pommes de terre nécessaires pour ensemencer un terrain triangulaire de 128 mètres de longueur sur 75 mètres de largeur, 1 mètre carré exigeant 9 tubercules.

P. 361. — Combien faudrait-il employer de guano, à raison de 400 kilog. par hectare, pour fumer le triangle du numéro précédent, et quel serait le prix de la fumure, le guano valant 35 fr. les 100 kilog. ?

P. 362. — Le guano, mêlé à un poids égal de cendre ou de plâtre, s'emploie à raison de 400 kilog. par hectare. Que coûterait la fumure en guano d'un terrain rectangulaire de 72 mèt. de longueur sur 55 mèt. de largeur, le guano contenant 15 p. % d'azote, l'azote valant 1ᶠ,75 le kilog., abstraction faite du prix de la cendre et du plâtre?

P. 363. — Le plâtre cuit s'emploie dans la proportion de 16 hectol. par hectare sur les prairies naturelles ou artificielles. On demande quel prix on payerait pour le plâtrage d'une prairie naturelle de 56ᵃ,25, sachant que le plâtre vaut en moyenne 2ᶠ,25 les 100 kilog. et que l'hectolitre pèse 216 kilog.?

P. 364. — Sachant qu'il faut 15 hectol. de poudrette par hectare et que l'hectolitre vaut 5 fr., quel serait le prix de la poudrette nécessaire pour la fumure d'une terre de forme parallélogrammique ayant 52ᵐ,15 de longueur sur 32ᵐ,25 de largeur?

P. 365. — Semé au plantoir, un hectare demande 33 litres de blé, et au semoir il en demande un hectolitre; quelle est l'économie qui résulterait de l'emploi du plantoir sur celui du semoir, si on cultivait une terre triangulaire de 83ᵐ,50 de base et de 44ᵐ,66 de hauteur, le froment étant au cours normal de 30 fr. les 112ᵏᵍ,500?

P. 366. — Combien faudrait-il de temps à un attelage pour herser une terre de 120 mèt. de long sur 69ᵐ,60 de largeur avec une herse de 1ᵐ,20 de largeur, les bœufs faisant 40 mèt. à la minute? — Combien mettraient 2 chevaux pour faire le même travail (p. 358)?

P. 367. — Quel serait le rendement en seigle d'un terrain ayant la forme d'un polygone régulier, décomposable en 6 triangles de 16ᵐ,50 de base et de 14ᵐ,40 de hauteur, sachant que le rendement par hectare est de 16 hectol. de 71 kilog., que l'hectolitre de seigle est au cours ordinaire de 12 fr., que 71 kilog. de seigle représentent 175 kilog. de paille et que la paille vaut 42 fr. les 1 000 kilog.?

P. 368. — Quelle est la récolte en paille d'avoine qu'a donnée un terrain qui a produit 12 hectolitres d'avoine, sachant qu'un hectolitre de grains représente 47 kilog. de paille?

P. 369. — Combien coûterait l'ensemencement en luzerne d'une terre de 4ʰᵃ,0225, sachant qu'il faut 30 kilog. de graines par hectare, coûtant 1ᶠ,50 le kilog.?

P. 370. — Que payerait-on la graine de trèfle nécessaire à l'ensemencement de 23ª,80, sachant qu'il faut 28 kilog. de graine par hectare, et que la graine vaut 1ᶠ,60?

P. 371. — On veut ensemencer en ray-grass d'Angleterre une terre trapézoïdale dont le plus long côté a 65 mèt., le côté parallèle à celui-ci, 47ᵐ,50 et la hauteur, 52ᵐ,25; on demande combien coûterait la ray-grass utile à l'ensemencement de cette terre, sachant que cette graine vaut 70 fr. les 100 kilog., et qu'elle s'emploie à raison de 14 kilog. par hectare?

P. 372. — Une terre de la forme d'un cercle ayant 45 mèt. de diamètre a été cultivée en seigle, lequel a été consommé en vert. On demande quel a été le produit de cette terre, sachant que le seigle coupé en vert fournit par hectare une récolte qui équivaut à 6 000 kilog. de foin sec de la valeur de 60 fr. les 1 000 kilog.

P. 373. — Combien faudrait-il employer de litres de chènevis pour ensemencer un jardin rectangulaire de 12ᵐ,50 de longueur sur 8ᵐ,33 de largeur, sachant qu'il faut 5 hectol. de cette graine pour le semis d'un hectare?

P. 374. — Le défrichement à bras, de 15 à 20 centimètres de profondeur, est estimé 100 fr. l'hectare; quelle serait la somme à payer si on donnait à défricher une terre de 25ᵐ,75 de longueur sur 15ᵐ,25 de largeur et 0ᵐ,16 de profondeur?

P. 375. — L'écobuage est une opération qui exige 3 heures 30 minutes de travail par are; combien faudrait-il dépenser pour écobuer un terrain de 82 mèt. de longueur sur 70 mèt. de largeur, la journée de 10 heures étant payée 1ᶠ,50?

P. 376. — Défriché de 0ᵐ,30 à 0ᵐ,35 de profondeur, l'hectare est payé 200 fr.; que donnerait-on pour le défrichement d'un terrain à 0ᵐ,32 de profondeur, ce terrain, de forme triangulaire, ayant 117 mèt. de longueur sur 58ᵐ,66 de hauteur?

P. 377. — Quel serait le revenu d'un carré de jardin de 8ᵐ,50 de longueur sur 8ᵐ,10 de largeur, cultivé en pavots, sachant que cette plante, qui peut remplacer l'œillette, donne un revenu en graines de 20 hectol. de chacun 65 kilog. par hectare; que la graine fournit en huile 40 p. % de son poids, et que l'huile, dont la densité (poids du litre) est 0ᵏᵍ,900, vaut 97 fr. les 100 kilog.?

P. 378. — Il faut 20 000 kilog. de fumier de mouton par hectare; quelle est la quantité pour 40 ares?

P. 379. — Comme nourriture pour les bestiaux, la betterave équivaut à une quantité de fourrage sec égale au tiers de son poids; quelle est la valeur des betteraves fournies par 1 hectare de terrain, sachant que les plants de betteraves sont espacés de $0^m,55$ entre chaque ligne et que les pieds sont à $0^m,33$ 1/3 de distance, les plants pesant en moyenne $0^{k}, 750$ et le foin valant 60 fr. les 1 000 kilog. ?

P. 380. — Combien faudrait-il de tubercules de pommes de terre pour ensemencer 1 hectare de terrain, les tubercules étant semés dans tous les sens à $0^m,33$ 1/3 de distance, ce terrain ayant la forme d'un carré?

P. 381. — L'igname de la Chine fournit 16 p. °/₀ de fécule d'une blancheur éblouissante; quel serait le produit de 1 hectare de terrain en racines de cette plante, chaque are donnant en moyenne 3 000 kilog., et le prix de la fécule étant calculé à raison de $0^f,30$ le kilog. ?

P. 382. — Un hectare, ensemencé en pommes de terre, donne une récolte moyenne d'environ 13 000 kilog. ; quel est le bénéfice que le cultivateur réaliserait s'il plantait la même étendue de terrain en ignames, la fécule des deux plantes se vendant $0^f,30$ le kilogramme, la pomme de terre en fournissant 20 p. °/₀ (p. 381)?

P. 383. — Quelle est la quantité de plants de sorgho sucré nécessaires pour la plantation de 1 hectare de terrain, sachant que ces plants doivent être repiqués à une distance de $0^m,25$ sur des lignes espacées de $0^m,75$, le terrain ayant la forme d'un carré?

P. 384. — Connaissant (p. 379) le rendement en betteraves de 1 hectare de terrain et sachant que 1 000 kilog. de betteraves se vendent 25 fr., on veut savoir quel serait le produit d'une terre de $67^a,25$.

P. 385. — Le phospho-guano s'emploie à la dose de 550 kilog. par hectare et vaut 25 fr. les 100 kilog.; il est principalement utilisé pour la culture des betteraves, et, par son emploi, l'hectare produit en moyenne 80 000 kilog. de cette plante. A combien reviendraient 1 000 kilog. des betteraves cultivées dans un champ d'une étendue de 40 ares et fumées au phospho-guano, les frais de culture étant de 420 fr. par hectare, et quelle serait la valeur de cette récolte (p. 384) ?

P. 386. — Quelles dimensions superficielles donnerait-on à une étable devant loger 2 bœufs, 2 vaches et 20 moutons, sachant qu'il faut, pour 1 bœuf, $5^{mq},50$; pour une vache, 6^{mq}, et pour 1 mouton, 1^{mq}, mangeoires comprises, un des murs de l'étable ayant 5 mèt. de longueur ?

P. 387. — Il faut, par hectare, 5 mèt. cubes d'engrais verts ; combien en faudrait-il pour une terre de $33^a,35$?

EXTRACTION DE LA RACINE CARRÉE

128. — On nomme *racine carrée* d'un nombre le nombre qui, multiplié par lui-même, reproduit le nombre proposé.

EXEMPLES. — La racine carrée de 100 est 10, parce que $10 \times 10 = 100$; la racine carrée de 144 est 12, parce que $12 \times 12 = 144$.

129. — On appelle *carré d'un nombre* le produit de ce nombre multiplié par lui-même, ou, en d'autres termes, le carré d'un nombre est ce nombre élevé à la *deuxième puissance*.

EXEMPLES. — Le carré de 9 est $9 \times 9 = 81$, ou $9^2 = 81$ le carré de 7 est $7 \times 7 = 49$, ou $7^2 = 49$; le petit chiffre $(^2)$, qui est à la droite du 9 et du 7, s'appelle *exposant* et désigne la *puissance* de 9 et de 7, c'est-à-dire combien de fois ces chiffres sont employés comme facteurs.

130. — Voici les carrés des neuf premiers nombres :

1, 4, 9, 16, 25, 36, 49, 64, 81,

avec leurs racines respectives :

1, 2, 3, 4, 5, 6, 7, 8, 9.

131. — Le carré d'un nombre composé de dizaines et d'unités comprend trois parties : 1° *le carré des dizaines ;* 2° *deux fois les dizaines multipliées par les unités ;* 3° *et le carré des unités.*

EXEMPLE. — *Quel est le carré de* 12 ?

Le carré demandé est (129) 12×12 = 144.

En appliquant au carré de 12 ce qui vient d'être dit ci-dessus, on a (12 = 10+2) :

$$
\begin{array}{llr}
1° & 10\times10 & = 100 \\
2° & 10\times2 = 20\times2 & = 40 \\
3° & 2\times2 & = \underline{4} \\
& \text{Total.} \ldots \ldots & 144
\end{array}
$$

132. — L'extraction de la racine carrée comporte deux cas, suivant que le nombre est plus petit ou plus grand que 100.

1er **Cas.** — S'il s'agissait d'extraire la racine d'un *carré parfait* plus petit que 100, il suffirait d'avoir recours au tableau du n° 130. Par exemple, en cherchant la racine de 49, on la trouverait au-dessous de ce nombre, représentée par le chiffre 7. Si le nombre n'était pas un carré parfait, la racine carrée serait comprise entre deux carrés consécutifs.

EXEMPLE. — *Quelle est la racine carrée de* 75 ?

Le tableau du n° 130 indique que cette racine est comprise entre 8 et 9, nombres qui ont pour carrés 64 et 81. Cette racine est approximativement 8,66.

2e **Cas.** — L'extraction de la racine carrée d'un nombre plus grand que 100 est soumise à la règle générale suivante :

Il faut *diviser le nombre proposé en tranches de deux chiffres, en commençant par la droite ;* ensuite : 1° *extraire la racine carrée du plus grand carré contenu dans la dernière tranche à gauche, cette tranche n'eût-elle qu'un chiffre, retrancher de cette tranche le carré de la racine trouvée et abaisser la tranche suivante à droite du reste de la soustraction; 2° faire le double de la racine trouvée, diviser par ce nombre les dizaines du nombre formé par le reste de la soustraction précédente et de la tranche abaissée, écrire le quotient obtenu à droite du chiffre des dizaines de la racine, ajouter ce quotient à droite du double des dizaines et multiplier ce nouveau nombre par le quotient, retrancher le produit du reste et de la tranche abaissée.*

Le procédé employé sous le n° 2 se répète autant de fois que le nombre proposé contient d'autres tranches. On reconnaît que le chiffre du quotient est *trop grand* quand le produit formé comme il vient d'être dit ne peut être retranché du *reste* et de la *tranche abaissée*; ce chiffre est *trop petit* lorsque le produit retranché du *reste* et de la *tranche* donne un nouveau reste ou des restes subséquents qui contiennent *deux fois la racine trouvée plus une unité.*

La preuve de l'opération consiste à élever au carré la racine obtenue et à ajouter à ce carré le dernier reste; ces deux quantités doivent reproduire le nombre donné.

133. — La connaissance de l'extraction de la racine carrée trouve son application dans la recherche du côté d'un carré quelconque quand sa surface est connue.

1ᵉʳ Exemple. — *Un terrain de forme carrée a une surface de 11ʰᵃ,6281 (116281 mètres carrés); quelle est la longueur de son côté? — Réponse, 341 mètres.*

OPÉRATION.   PREUVE.

```
11 62 81 |  341                        341
 9       |                             341
 —————   | 2° 64      2° 681           —————
 026.2   |    4           1            341
 25 6    |  ———         ———           1364
 —————   |  256         681           1023
 00 68.1                             ——————
    68 1                             116281
    ————
    00 0
```

Explication pratique. — Le nombre 116 281 est divisé en tranches de deux chiffres, de droite à gauche. La première tranche à gauche contient le carré 9, dont la racine est 3 ; on écrit cette racine dans l'angle supérieur du signe indicatif de la division, puis on retranche le carré 9 de la tranche 11 ; à la droite du reste 2, on abaisse la tranche 62, pour obtenir le nombre 262 ; on sépare par un point les 26 dizaines des 2 unités ; on divise les dizaines 26 par le double de la racine 6 (3×2) et on a pour quotient le nombre 4, qu'on écrit à la droite du 6 pour former le nombre 64, qu'on multiplie lui-même par ce quotient ; $64\times4=256$, qui, retranché de 262, donne pour reste 6, à la droite duquel on abaisse la tranche 81 ; le quotient 4 s'écrit à la droite du premier chiffre de la racine ; on sépare, par un point, les dizaines des unités du nombre 681, et on divise ensuite les 68 dizaines par le double du chiffre de la racine trouvée 68 (34×2) ; le quotient 1 se place à la droite de 68 et forme le nombre 681, qui, multiplié par le quotient 1, donne 681. Ce dernier nombre, retranché du reste 681, donne zéro. Le quotient 1, ajouté à la droite de 34, forme la racine carrée définitive 341, qui exprime exactement la longueur du côté demandée.

La preuve de l'opération se fait en élevant la racine 341 au carré : $341\times341 = 116\ 281$, nombre proposé.

134. — Il arrive rarement que l'on ait à opérer sur un carré parfait. Mais, quel que soit le nombre proposé, sa racine carrée s'extraira en suivant la série des opérations de l'exemple précédent, et l'on pourra obtenir cette racine à *un dixième, un centième, un millième* près, etc., en ajoutant *deux, quatre, six zéros,* etc., à la droite du dernier reste. En résumé, si l'on désire introduire *un, deux, trois, quatre,* etc., *chiffres décimaux à la racine,* il suffira d'ajouter au dernier reste ou à la droite du nombre proposé lui-même, *autant de fois 2 zéros qu'on voudra obtenir de chiffres décimaux.*

2ᵉ Exemple. — *On voudrait faire clore une pièce d'eau carrée de 150 mètres carrés de surface ; quelle est la longueur du périmètre de cette pièce d'eau ?*

(Extraire la racine carrée à moins d'un millième près.)

OPÉRATION.

1 50,00 00 00	12,247			
1	2° 22	2° 242	2° 2444	2° 24487
05.0	2	2	4	7
4 4	44	484	9776	171409
0 60.0				
48 4			PREUVE.	
11 60.0			12,247	
9 77 6			12,247	
1 8240.0			85 729	
1 7140 9			489 88	
1099 1			2449 4	
			24494	
			12247	
	Reste		10 991	
			150,000 000	

Dans cet exemple, six zéros ont été ajoutés au nombre proposé. — La racine carrée du côté de la pièce est 12ᵐ,247.

Il est évident que la longueur du périmètre de cette pièce d'eau est 4 fois celle d'un de ses côtés, c'est-à-dire 12ᵐ,247 × 4 = 48ᵐ,988.

La racine trouvée élevée au carré présente un produit qui, augmenté du reste de l'opération, 10991, reconstitue le nombre primitif 150.

135. — *Les carrés de deux nombres consécutifs diffèrent entre eux de deux fois le plus petit nombre augmenté d'une unité. C'est ce dont on pourra se convaincre en examinant les carrés des neuf premiers nombres (130).*

EXEMPLE. — Les carrés de 3 et de 4 sont respectivement 9 et 16. Le plus petit carré. 9
augmenté de 2 fois le plus petit nombre. 6
plus d'une unité. 1
                  —
forme le plus grand carré. 16

APPLICATION

P. 388. — Quelle est la longueur du côté de l'hectare (carré
de 10 000 mèt. carrés de surface) en mètres, décamètres et
hectomètre ?

P. 389. — Quelle est la longueur du côté de l'are (carré de
100 mètres carrés de surface) en mètres, décimètres et décamètre ?

P. 390. — On a à partager en trois rectangles égaux une
terre de forme carrée, d'une contenance de $1^{ha},8225$; quelles
seront la longueur et la largeur de chaque rectangle ?

P. 391. — On veut inscrire un cercle dans un carré de jardin
anglais ; mais, dépourvu d'instruments propres à cette opération,
on est réduit à déterminer le rayon du cercle au moyen du calcul, sachant que le carré a $73^{mq},1025$; quelle est la longueur
de ce rayon ?

P. 392. — Deux petits jardins ont même contenance ; l'un
est carré et l'autre rectangulaire ; ce dernier a 16 mèt. de longueur sur 9 mèt. de largeur ; quel est le côté de la surface
carrée ?

P. 393. — On appelle moyenne proportionnelle la racine
carrée du produit de deux nombres. Deux surfaces ont : la première, 112 mèt. q. et la seconde, 75 ; quelle est la moyenne
proportionnelle entre ces deux surfaces ?

P. 394. — Le carré d'un nombre est 225 ; quel est le carré
du nombre qui lui est inférieur d'une unité ? — Déterminer les
racines des deux carrés.

MESURES DE VOLUME OU DE SOLIDITÉ

136. — L'unité des mesures de *volume* est le MÈTRE CUBE ; il a la forme d'un dé à jouer, c'est-à-dire qu'il est compris sous six faces carrées égales, ayant chacune un mètre de surface.

137. — Appliqué à la mesure des bois de chauffage et de construction, le mètre cube prend le nom de *stère*.

138. — Le mètre cube contient 1 000 DÉCIMÈTRES CUBES.

139. — Le DÉCIMÈTRE CUBE contient 1 000 CENTIMÈTRES CUBES.

140. — Le CENTIMÈTRE CUBE contient 1 000 MILLIMÈTRES CUBES.

141. — Le MÈTRE CUBE se compose donc de 1 000 *décimètres cubes*, ou de 1 000 000 de *centimètres cubes*, ou de 1 000 000 000 de *millimètres cubes*.

142. — Le *décimètre cube* vaut 1 000 *centimètres cubes* ou 1 000 000 de *millimètres cubes*.

143 — Le *centimètre cube* vaut à son tour 1 000 *millimètres cubes*.

144. — Il résulte de ce qui a été dit au n° 141 que les unités de décimètre cube se placent au rang des millièmes (0^{mc},001), les dizaines au rang des centièmes (0^{mc},010), et les centaines au rang des dixièmes (0^{mc},100) ;— que les unités de centimètre cube prennent place au sixième rang, celui des millionièmes (0^{mc},000 001) ; les dizaines au cinquième rang, celui des cent-millièmes (0^{mc},000 010), et les centaines au quatrième rang, celui des dix-millièmes (0^{mc},000 100) ; — que les unités de millimètres cubes occupent le rang des billionièmes, neuvième rang (0^{mc},000 000 001) ; les dizaines, le rang des cent-millionièmes, huitième rang (0^{mc},000 000 010), et les centaines, le rang des dix-millionièmes, septième rang (0^{mc},000 000 100)

Observation. — Chaque fois qu'une tranche n'est pas composée de trois chiffres, il faut ajouter à cette tranche un ou deux zéros pour la compléter ; de cette manière on rend facile la lecture des parties décimales des nombres cubiques.

145. — Le mètre cube proprement dit n'a pas de multiple. — Le seul multiple du *stère* est le *décastère*, 10 stères, et son sous-multiple est le *décistère*, 0,1 de stère ; cependant on fait encore usage du *centistère*, 0,01 de stère, dans l'évaluation des bois de charpenterie et de menuiserie.

146. Le volume d'un cube parfait s'obtient en multipliant la surface d'une de ses bases par l'un de ses côtés, ou, ce qui revient au même, en prenant un de ses côtés *trois fois comme facteur*.

EXEMPLE. — *Un cube a* $0^m,5$ *d'aréte* (côté ou ligne formée par la rencontre de deux faces adjacentes), *quel est son volume?*

Surface de la base $0^m,5 \times 0^m,5 = 0^{mq},25$, ce nombre multiplié par le côté $0^m,5 = 0^{mq},25 \times 0^m,5 = 0^{mc},125$.

Le volume demandé est donc de 125 décimètres cubes.

Par la deuxième méthode, on a $0^m,5 \times 0^m,5 \times 0^m,5 = 0^{mc},125$, résultat identique au premier.

147. — Le volume d'un corps quelconque ayant la forme d'un cube allongé (*parallélipipède*) se trouve en multipliant *une de ses bases par sa hauteur*.

EXEMPLE. — *Quel est le volume d'un parallélipipède dont la base a* $0^{mq},75$ *et la hauteur* $1^m,10$?

Ce volume égale $0^{mq},75 \times 1,10 = 0^{mc},825$ (825 décimètres cubes).

Remarque. — Le parallélipipède serait-il oblique qu'il aurait encore pour expression de son volume l'expression précédente.

148. — On nomme *prisme* un volume dont deux faces opposées (base inférieure et base supérieure) sont des polygones égaux et parallèles, et dont toutes les autres faces sont des rectangles ou des parallélogrammes. Par conséquent, le cube et le parallélipipède peuvent être considérés comme des prismes à bases quadrilatères.

149. Le *prisme triangulaire* (dont les deux bases ont la forme d'un *triangle*) a *pour volume sa base multipliée par sa hauteur*.

EXEMPLE. — *Une pièce de bois, à bases égales de* $0^{mq},25$ *et de forme triangulaire, a* 3 *mèt. de longueur ; quel est son volume ?*

OPÉRATION.—$0^{mq},25 \times 3 = 0^{mc},750$ (750 décimètres cubes).

150. — Le volume d'un prisme ayant pour base un *polygone quelconque*, est égal au produit de sa base par sa hauteur.

EXEMPLE. — *Un prisme à base pentagonale* (de 5 côtés) *irrégulière a une surface de* $0^{mq},25$ *et une hauteur de* $2^{m},25$; *quel est son volume ?*

OPÉRATION.— $0^{mq},25 \times 2,25 = 0^{mc},562\,500$ (562 décimètres cubes 500 centimètres cubes).

151. — Le volume du *cylindre* (corps à bases circulaires) est égal au produit de sa base par sa hauteur.

EXEMPLE. — *Quel est le volume d'un cylindre de* $0^{mq},30$ *de base et de* $1^{m},20$ *de hauteur ?*

OPÉRATION. — $0^{mq},30 \times 1,20 = 0^{mc},360$ (360 décimètres cubes).

152. — Le volume d'une *pyramide* quelconque (volume à base polygonale terminé en pointe) a pour mesure le produit de sa base par le *tiers* de sa hauteur.

EXEMPLE. — *Une pyramide triangulaire a pour base* 2^{mq},15 *et pour hauteur* 2^m,70 ; *quel est son volume ?*

OPÉRATION. — $\dfrac{2^{mq},15 \times 2,70}{3} = 1^{mc},935$ (1 mètre cube 935 décimètres cubes).

153. — Le volume du *cône* (pyramide à surface convexe) est égal à sa base multipliée par le tiers de sa hauteur.

L'opération est en tout semblable à celle du numéro précédent.

154. — Le volume de la *pyramide tronquée* (dont la pointe a été enlevée) à bases parallèles est égal à la somme des volumes de trois pyramides ayant pour bases : la 1re, la base inférieure du tronc ; la 2e, la base supérieure, et la 3e, une base égale à la moyenne proportionnelle entre les deux bases du tronc, ces trois pyramides ayant pour hauteur commune celle du tronc lui-même.

EXEMPLE. — *Quel est le volume d'un tronc de pyramide ayant pour base inférieure* 0^{mq},45, *pour base supérieure* 0^{mq},23 *et pour hauteur* 0^m,36?

OPÉRATION.

Volume de la 1re pyramide $\dfrac{0^{mq},45 \times 0,36}{3} = 0^{mc},054.$

Volume de la 2e pyramide $\dfrac{0^{mq},23 \times 0,36}{3} = 0^{mc},027\,600.$

Volume de la 3e pyramide ; ce volume égale (p. 393) en considérant les deux bases du tronc comme des nombres entiers :

$45 \times 23 = 1035$; la racine carrée de 1035 est 32,17, ou $\dfrac{0^{mq},3217 \times 0,36}{3} = 0^{mc},038\,604.$

Cube total. . . . . 0^{mc},120 204.

Ce volume s'obtient aussi en *multipliant la somme des trois bases par le tiers de la hauteur du tronc.*

OPÉRATION.

Base de la première pyramide $0^{mq},45$
Base de la seconde pyramide $0^{mq},23$
Base de la troisième pyramide $0^{mq},3217$

Somme. . . $1^{mq},0017$
$\times 0,12$

200 34
1001 7

Volume total. . . $0^{mc},1202\ 04$

155. — Le volume du *tronc de cône* se trouve en faisant des opérations analogues.

156. — Le volume de la *sphère* (corps rond comme une bille de billard) est égal à sa surface (122) multipliée par le 1/3 de son rayon.

EXEMPLE. — *Quel est le volume de la terre, sachant qu'elle a 40 000 000 de mètres de contour ?*

OPÉRATION. — La surface de la terre est égale à celle de 4 grands cercles (122). La surface d'un grand cercle égale 40 000 000 de mètres multipliés par la moitié du rayon (121). Le diamètre de la terre est $\dfrac{40\,000\,000}{3,1416} = 12\,732\,365$ mètres ; son rayon est la moitié du diamètre, ou $\dfrac{12\,732\,365}{2} = 6\,366\,182^m,5$; la moitié de ce rayon est donc $\dfrac{6\,366\,182,5}{2} = 3\,183\,091^m,25.$

Surface d'un grand cercle de la terre :

$40\,000\,000 \times 3\,183\,091,25 = 127\,323\,650\,000\,000$ de mètres carrés.

Surface de la terre :

$127\,323\,650\,000\,000 \times 4 = 509\,294\,600\,000\,000$ de mètres carrés.

Volume de la terre :

$$509\,294\,600\,000\,000 \times \frac{6366182,5}{3} = 1\,080\,754\,123\,288\,166\,666\,666$$

mètres cubes.

EXERCICES PRÉPARATOIRES

Écrire en chiffres les quantités suivantes et en faire ensuite l'addition.

P. 395. — Trois mètres cubes cent quinze décimètres cubes; un mètre cube vingt-quatre décim. cub.; quatre cent quatre-vingt-onze décim. cub.

P. 396. — Deux mètres cubes vingt-huit décim. cub. huit centimètres cubes; six mètres cubes quatre décimèt. cub. vingt-trois centimèt. cub.; quatre mètres cubes seize centimètres cub.

P. 397. — Sept mètres cubes cent cinquante centimètres cub.; six cent soixante-douze décimètres cubes cent un centimètres cubes; neuf cent dix centimètres cubes.

P. 398. — Cinq décimètres cubes cinq centimètres cubes cent vingt-trois millim. cub.; un mèt. cub. quarante décim. cub., quarante millim. cub.; sept cent cinquante millim. cub.

P. 399. — Huit mèt. cub. huit décim. cub. huit centim. cub.; quarante décim. cub. quarante centim. cub. quarante millim. cub.; trois cents décim. cub. trois cents centim. cub. trois cents millim. cub.

Écrire en chiffres les nombres suivants et faire les opérations convenables.

P. 400. — Quelle est la différence des nombres cent quinze mèt. cub. vingt-huit décim. cub., et quatre-vingt-douze mèt. cub. quatre cent trente-cinq décim. cub.?

P. 401. — Quel nombre faudrait-il ajouter à quinze mèt. cub. quatre décim. cub. neuf cent quinze centim. cub. pour former le nombre vingt mèt. cub.?

P. 402. — Un arbre équarri avait soixante-seize décim. cub. deux cent vingt-trois centim. cub. de volume ; par un trait de scie, on en a retranché une partie de vingt-sept décim. cub. trois cent trente-quatre centim. cub.; quel est le volume actuel de cet arbre ?

P. 403. — De combien le nombre trente-sept décim. cub. trente-trois centim. cub. quatre cent huit millim. cub. surpasse-t-il le nombre dix-neuf décim. cub. neuf cents centim. cub. sept cent cinq millim. cub.?

P. 404. — Par l'évaporation, quatre-vingts décim. cub. d'eau ont été réduits à soixante-six décim. cub. soixante-quinze millim. cub.; quelle est la quantité d'eau qui s'est évaporée ?

APPLICATION

P. 405. — Quel est le volume de 14 chevrons en bois de chêne de $3^m,50$ de longueur sur $0^m,15$ d'équarrissage, et quel en est le prix à raison de 69 fr. le stère ?

P. 406. — Une poutre a $0^{mc},310\,801$; quel serait le volume de 12 de ces poutres ?

P. 407. — Un robinet de fontaine laisse couler en une minute $0^{mc},004$ d'eau ; combien donne-t-il d'eau à l'heure, et combien lui faudrait-il de temps pour remplir une auge de $1^m,20$ de longueur, de $0^m,80$ de largeur et de $0^m,50$ de profondeur ?

P. 408. — Une règle a 4 mèt. de longueur et 1 centim. d'équarrissage ; quel est son volume ?

P. 409. — Quel est le volume d'un prisme dont la base a $0^{mq},3025$ et la hauteur $2^m,50$?

P. 410. — Quelle est la solidité d'un arbre de forme cylindrique, sa base ayant $0^{mq},050\,023$ et sa hauteur étant de $6^m,25$?

P. 411. — Déterminer le volume de la pyramide de Chéops, sachant qu'elle a 243 mèt. de large à la base, qui est supposée carrée, et 150 mèt. de hauteur.

P. 412. — Quelle est la solidité d'un cône de $0^{mq},250\,075$ de base et de $0^m,96$ de hauteur ?

P. 413. — La barrique se compose de deux cônes tronqués égaux, opposés par leur plus grande base ; quelle est la contenance en décim. cub. d'un fût de 0^m,84 de hauteur, le diamètre du *jable* (côté du fond ou le fond lui-même) étant de 0^m,50 et le diamètre du *bouge* (partie renflée où est percée la bonde) étant de 0^m,60 ?

P. 414. — Quelle est la contenance d'un gabion de 1^m,33 de longueur sur 0^m,70 de largeur et de 0^m,40 de hauteur, et combien faudrait-il de temps pour enlever 37^{mc},240 de terre, sachant qu'en une heure on peut enlever 4 pleins gabions ?

P. 415. — Un vase de forme cylindrique a 0^m,20 de diamètre et 0^m,35 de hauteur ; combien contient-il de fois le volume d'un vase de 0^{mc},000 549 780 de capacité ?

P. 416. — Un bassin circulaire a 1^m,20 de diamètre et 2^m,50 de hauteur ; il est alimenté par une source d'eau vive qui fournit par minute 0^{mc},100 ; combien cette source mettra-t-elle de temps pour remplir ce bassin ?

P. 417. — Un puits circulaire a 1^m,10 de diamètre ; l'eau s'élève dans ce puits à une hauteur de 4^m,50 ; combien faudrait-il employer de temps pour puiser cette eau en se servant d'une pompe qui, à chaque coup de piston, enlèverait 0^{mc},004 d'eau, sachant d'ailleurs qu'on peut donner 25 coups de piston à la minute ?

P. 418. — Quel est le prix d'un arbre cylindrique de 6^m,50 de longueur, de 1^m,5708 de circonférence, à raison de 62 fr. le stère ?

P. 419. — Quel est le poids d'un tas de fumier de 2^m,25 de longueur, de 2^m,15 de largeur et de 1^m,10 de hauteur, le mètre cube pesant 750 kilog., et quel serait le prix de ce fumier, le mètre cube valant 3^f,50 ?

P. 420. — On a répandu une couche de 5 millim. de plâtras et terre de démolition sur une prairie de 2^{ha},25 ; calculer le volume nécessaire pour un hectare seulement.

P. 421. — Le mètre cube d'os broyés revient à 21^f,50, et il est employé dans la proportion de 36 hectolitres à l'hectare ; combien coûterait la fumure d'une terre de 124 mèt. de longueur sur 108 mèt. de largeur ?

P. 422. — La suie vaut 0^f,30 les 20 litres ; elle se répand sur les prairies dans la proportion de 1 hectolitre pour 20 ares de terre ; on demande à quelle dépense s'est élevée la fumure de 15ᵃ,20 de pré?

P. 423. — Que coûterait l'extraction de 25 mèt. cub. de pierre de taille, si l'on payait 0ᶠ,75 par mèt. cube? — Devrait-on préférer l'extraction de la même pierre à l'heure, le carrier gagnant 0ᶠ,20 à l'heure et employant 95 heures de travail effectif?

P. 424. — Sachant qu'on a payé à un ouvrier carrier 22 fr. pour l'extraction de 40 mèt. cub. de moellons, on demande quel est le coût d'un mèt. cube et de 4 mèt. cub. de moellons.

P. 425. — Le mètre cube de chaux grasse calcinée pèse en moyenne 900 kilog.; combien faudrait-il de barriques de chaux de 150 kilog. pour faire un mèt. cube (la barrique contenant 200 litres ou décim. cub.), et combien coûterait le mèt. cube de chaux à raison de 4ᶠ,25 la barrique?

P. 426. — Un mèt. cube de chaux éteinte est représenté par 0ᵐᶜ,400 de chaux calcinée et par la quantité d'eau suffisante pour rendre la chaux en pâte forte; par les procédés ordinaires, il faut 4 heures de manœuvre pour éteindre cette chaux; on veut savoir quel est le prix de revient d'un mèt. cube de chaux éteinte, la barrique de chaux valant 4ᶠ,25 et le manœuvre gagnant 1ᶠ,40 par journée de dix heures.

P. 427. — Le mèt. cube de terrain déblayé se paye 0ᶠ,15 ; combien donnerait-on pour faire creuser une cave de 6ᵐ,25 de longueur, 4ᵐ,75 de largeur et 2 mèt. de profondeur ?

P. 428. — Un terrassier peut fouiller en 50 minutes un mèt. cube de terre végétale; on demande combien ont coûté les fondations d'une maison rectangulaire, le mèt. cube ayant été payé à raison de 0ᶠ,15, sachant que le terrassier a travaillé pendant 39 heures?

P. 429. — Un homme respire 0ᵐᶜ,157 d'air par heure, qui sont altérés par la respiration. Pourrait-il, sans éprouver de malaise, rester 24 heures dans un appartement bien clos de 3 mèt. de longueur, 2ᵐ,80 de largeur et 3 mèt. de hauteur?

P. 430. — D'après Lavoisier, l'homme adulte consomme en un jour 754 litres ou décim. cub. d'oxygène; quelle est donc la quantité d'air qu'un homme respire en un jour, l'air atmosphérique consistant en un volume d'oxygène (*gaz générateur de la rouille*) et en 4 volumes d'azote (*gaz délétère générateur du salpêtre*) ?

P. 431. — Comparer les deux problèmes précédents et établir leur différence.

P. 432. — La poudre, en s'enflammant, développe des gaz élastiques dont le volume est 4 000 fois plus grand que celui de la poudre elle-même ; quel serait le volume de 5 centimèt. cub. de poudre, réduits à l'état de gaz élastiques ?

P. 433. — L'hydrogène (*gaz générateur de l'eau*) bicarboné, ou gaz à éclairage, se compose d'un volume de carbone et de 2 volumes d'hydrogène ; quelle est la contenance en carbone et en hydrogène d'une cloche cylindrique de $11^m,25$ de hauteur et de $15^m,708$ de circonférence ?

P. 434. — Lorsque la température est à zéro, l'eau passe à l'état de glace et augmente du dixième de son volume. Un vase cylindrique en verre de $0^m,20$ de diamètre et de $0^m,40$ de hauteur a 12 litres d'eau et n'est plein qu'en partie. Dire si cette quantité d'eau, à l'état de glace, amènera la rupture du vase. — Pourquoi ?

P. 435. — A 4 degrés centigrades, l'eau pèse le plus sous le même volume ; mais, si elle se convertit en vapeur, son volume est alors 1 700 fois plus considérable qu'à l'état liquide. Quel serait le volume de l'eau contenue dans le vase du problème précédent, si cette eau était réduite en vapeur ?

P. 436. — Par chaque degré centigrade de chaleur, l'air atmosphérique, ainsi que tous les gaz, éprouve une dilatation de 1/267 ; que deviendrait 1 décimèt. cube d'air à 100 degrés centigrades ? — Expliquer pourquoi une vessie gonflée d'air éclate à cette température : on suppose que la vessie contient 4 litres d'air à la température zéro.

P. 437. — La rade de Toulon a été creusée en partie sur une étendue de 236 hectares et sur une profondeur de $9^m,50$; calculer le cube des déblais.

P. 438. — Un mèt. cube de terre, à un jet de pelle, peut être remué ou transporté à 30 mèt. de distance en 40 minutes de terrassier. On demande combien il faudrait de temps pour enlever les terres des fondations d'une maison carrée de 12 mèt. de façade, ces fondations étant creusées à $1^m,35$ au-dessous de la surface du sol et ayant $0^m,75$ de largeur.

P. 439. — Quelle somme payerait-on à ce terrassier (p. 438) pour enlever ces mêmes terres, sachant qu'il doit gagner $1^f,80$ par journée de travail de 10 heures ?

P. 440. — Pour être extrait, un mèt. cube de moellons exige un travail de 2 heures 45 minutes d'ouvrier carrier; combien cet ouvrier en extrairait-il en une journée?

P. 441. — Rendu sur place, le mèt. cube de pierre de taille se paye 25 fr.; que coûterait un pilier carré de .0^{mq},81 de base sur 2^m,66 de hauteur?

P. 442. — Un mèt. cube de moellons donne 1 mèt. carré 50 décimèt. carrés de surface, lorsqu'il est employé à la construction d'un mur ordinaire; combien contient de mèt. cubes de moellons un mur de 15 mèt. de longueur sur 6 mèt. de hauteur?

P. 443. — On désirerait savoir combien 9 mèt. cub. de moellons feraient de mèt. superficiels de maçonnerie et combien on les payerait à l'ouvrier carrier (p. 424).

P. 444. — Quel est le volume de chaux éteinte représenté par un mètre cube de chaux calcinée?

P. 445. — Le mètre cube de mortier (p. 425, 426) se compose de 0me,400 de chaux grasse et de 0me,600 de tuf; quel est le prix de ce mortier, le tuf ne coûtant que les frais d'extraction (p. 427)?

P. 446. — Quel est le prix du mèt. cube de mortier composé comme il est dit dans le problème précédent, le sable étant substitué au tuf et revenant à 2^f,75 le mèt. cube?

P. 447. — Le prix d'un mèt. cube de moellons mis en place se déduit : 1o du prix d'un mèt. cube de moellons (p. 424); 2o de celui de la pose de ces moellons, qui exige 5 heures de maçon (il gagne 2 fr. par journée de 10 heures) ; 3° de celui de 0me,333 1/3 de chaux grasse au tuf (p. 445) ; 4o et des 3/20 de ces divers prix pour frais et bénéfice de l'ouvrier. Quel est donc le coût d'un mèt. cube de moellons mis en place?

P. 448. — Combien a coûté une poutre de bois de chêne de 7 mèt. de longueur et d'un équarrissage de 0^m,30 sur 0^m,25, à 57^f,50 le stère?

P. 449. — Le stère de bois de chêne débité à la scie, assemblage compris pour ferme, faîtage, sablières, etc., d'un équarrissage de 0^m,20/0^m,30 * à 0^m,15/0^m,15, se paye 69 fr.; quel serait le prix de 48 pièces de bois de chêne, dont 18 de 8^m,25 de longueur sur 0^m,20/0^m,30 d'équarrissage et dont 30 de 8^m,50 de longueur sur 0^m,20/0^m,20 d'équarrissage?

---

* Lisez : 20 centimètres sur 30 centimètres, ... etc.

P. 450. — Combien coûterait une ferme composée des pièces suivantes: 1° d'un entrait de 9^m,50 de longueur sur 0^m,25/0^m,33 d'équarrissage; 2° de 2 arbalétriers, de chacun 5 mèt. de longueur et de 0^m,26/0^m,30 d'équarrissage; 3° de 1 faux entrait, ou entrait retroussé, de 3^m,80 de longueur sur 0^m,15/0^m,26; 4° d'un poinçon de 1^m,80 de longueur sur 0^m,26/0^m,26; 5° de 4 contre-fiches de chacune 0^m,65 en moyenne sur 0^m,13/0^m,15 d'équarrissage; 6° de 2 aisseliers de chacun 2^m,50 de longueur sur 0^m,13/0^m,15, sachant que le stère vaut 90 fr., assemblages compris?

P. 451. — Le stère de bois de chêne ou châtaignier d'un équarrissage au-dessous de 0^m,15/0^m,15 est d'une valeur de 65 francs. Combien a reçu un charpentier pour la fourniture de 28 chevrons de 5 mèt. de longueur sur 0^m,12/0^m,15 d'équarrissage?

P. 452. — Un particulier brûle chaque année, pour l'usage de sa famille, pour 135 fr. de bois de chauffage, qu'il paye à raison de 0^f,75 le décistère; combien consomme-t-il de stères de bois?

P. 453. — Quel est le produit d'une coupe de bois de châtaignier qui a donné 32 décastères 6 stères 8 décistères de bois, à 15 fr. les 4 stères?

P. 454. — On a acheté une pile de bois de 12 mèt. de longueur sur 0^m,90 de largeur et 0^m,80 de hauteur, sur le pied de 3^f,50 le stère; combien a-t-on payé?

P. 455. — On a empilé du bois en bûches de 0^m,80 de longueur et de 1 mèt. de largeur. Quelle hauteur faudra-t-il donner à la pile pour obtenir un stère?

P. 456. — De quelle longueur faudrait-il couper des bûches pour obtenir un stère, la membrure ayant un mèt. de longueur sur 0^m,80 de largeur?

P. 457. — A 6^f,10 le décistère, quel est le prix de 72 planches de chêne de 2 mèt. de longueur, 0^m,25 de largeur et 0^m,027 d'épaisseur?

P. 458. — Le volume du bois en grume (encore revêtu de son écorce) s'obtient en cherchant le pourtour du milieu du tronc, en calculant la surface d'un cercle qui aurait ce pourtour et en multipliant cette surface par la longueur de la pièce de bois. Quel est le volume d'une pièce de bois de chêne en grume de 4^m,25 de longueur, dont le pourtour du milieu a 1^m,5708 (121), et combien la payerait-on à raison de 27 fr. le mèt. cube?

P. 459. — L'artillerie, quand elle achète du bois en grume, déduction faite de l'écorce et de l'aubier, mesure les circonférences extrêmes avec un cordeau, les ajoute et en prend le *dixième* qu'elle élève au carré ; ce carré, multiplié par la longueur de la pièce de bois, donne le volume demandé. D'après ces données, quel serait le volume d'une pièce de bois de $4^m,50$ de longueur, la circonférence inférieure ayant $1^m,20$ et la circonférence supérieure $1^m,40$?

P. 460. — On obtient le plus grand équarrissage d'un arbre abattu en mesurant le diamètre de son milieu, en carrant ce diamètre, en prenant la moitié du résultat et puis en prenant la racine carrée de cette moitié. Quel est le côté du plus grand carré possible que donnerait une pièce équarrie, prise dans un arbre de $0^m,50$ de diamètre au milieu ?

P. 461. — La méthode suivante est beaucoup plus simple et plus en usage que la précédente pour avoir le volume du bois équarri : on prend le 1/4 de la circonférence ou pourtour du milieu de l'arbre, ce qui représente l'équarrissage, et on multiplie le carré de ce nombre par la longueur de l'arbre ; on obtient ainsi le volume cherché. Quel est le volume d'une pièce de bois en grume de $6^m,25$ de longueur dont la circonférence du milieu a $1^m,508$?

P. 462. — On trouve encore le volume de l'équarrissage à vives arêtes d'une pièce de bois, en ôtant du pourtour du milieu le 1/5 de sa valeur et en prenant le 1/4 du reste ; on multiplie ce quart par lui-même et son produit par la longueur de l'arbre, et l'on obtient le volume demandé. Combien payerait-on une pièce de bois ayant en son milieu $1^m,57$ de pourtour et $4^m,25$ de longueur, sachant que le stère est vendu 27 fr.?

P. 463. — Il arrive quelquefois qu'au lieu du 1/5 de pourtour on ôte le 1/6 ; dans cette hypothèse, quel serait le prix de l'arbre du problème précédent, toutes choses égales d'ailleurs?

P. 464. — Combien payerait-on une cheminée de marbre blanc veiné, sachant que le mèt. cube coûte 972 fr., la cheminée se composant : 1° d'un chambranle de $1^m,31$ de longueur et de $0^m,33$ de largeur ; 2° de deux jambages avec corniche, de chacun $0^m,84$ de longueur et de $0^m,14$ de largeur ; 3° d'une gorge ou attique de $1^m,25$ de longueur et de $0^m,14$ de largeur, toutes ces pièces ayant une épaisseur de $0^m,02$?

P. 465. — Un corps quelconque plus lourd que l'eau perd de son poids, lorsqu'il est plongé dans ce liquide, une quantité égale au poids du volume d'eau qu'il déplace (volume égal évidemment à celui du corps immergé); d'après cette donnée, déterminer le volume d'une pierre de forme très-irrégulière ou régulière, sachant que, pesée dans l'air, son poids est de 46 kil. et que, pesée dans l'eau, son poids n'est plus que de $24^{ks},783$, le litre d'eau déplacé pesant 1 kilog.?

P. 466. — Que coûterait un bloc de marbre blanc ayant la forme d'une pyramide tronquée, dont la base inférieure a 9 mèt. superficiels, la base supérieure 4 mèt. superficiels, et la hauteur 3 mèt., le mèt. cub. étant payé 108 fr.?

P. 467. — L'épaisseur des murs en moellons des bâtiments couverts d'un simple toit à deux pentes, composé de fermes d'assemblage en charpente, est la *vingt-quatrième partie* de la largeur dans œuvre. Quelle est l'épaisseur à donner aux 4 murs d'une bâtisse de 3 mèt. de hauteur qui a 12 mèt. et 8 mèt. dans œuvre, et quel est leur volume?

P. 468. — Dans les maisons particulières, divisées en plusieurs étages par des planchers, l'épaisseur des murs de face est de $0^m,42$ jusqu'à $0^m,65$; celle des murs mitoyens de $0^m,34$ à $0^m,70$, et les murs de refend de $0^m,42$ à $0^m,55$. Combien payerait-on les murs d'une maison de 10 mèt. de hauteur, de 15 mèt. de longueur et de 12 mèt. de largeur, 2 murs extérieurs ayant $0^m,65$ d'épaisseur et $10^m,60$ de longueur, 2 murs mitoyens ayant chacun $0^m,70$ d'épaisseur et 15 mèt. de longueur, et 4 murs de refend ayant chacun $0^m,45$ d'épaisseur et $10^m,60$ de longueur, le tout de la même hauteur, calculé à raison de 16 fr. le mèt. cube (p. 339)?

P. 469. — Le plâtre en poudre mêlé dans la proportion de 10 kilog. à 2 500 kilog. de fumier, donne une végétation luxuriante et augmente la quantité et la qualité des grains d'*un tiers*; quelle serait la quantité de plâtre à employer pour la fumure d'un hectare, dosé comme il vient d'être dit, sachant qu'il faut répandre sur le champ 20 mèt. cubes de fumier?

NOTA. — Voir à l'appendice des problèmes sur le cubage par pieds, pouces et lignes cubes.

MESURES DE CAPACITÉ OU DE CONTENANCE

157. — Le LITRE est l'unité des mesures de capacité ou de contenance. La contenance du litre est égale au volume d'*un décimètre cube*. Le litre sert à mesurer les *liquides* : vin, huile, etc., et les *matières sèches* : froment, seigle, etc.

158. — Les multiples du litre sont :

Le DÉCALITRE, qui vaut   10 litres.
L'HECTOLITRE,   —   100 litres.

On fait encore usage du KILOLITRE, quoiqu'il ne soit pas une mesure effective.

159. — Les divisions du litre sont :

Le DÉCILITRE, qui est égal au 0,1 du litre.
Le CENTILITRE, qui est égal au 0,01 du litre.

160. — Les mesures pour les grains, ou *matières sèches*, sont des cylindres en bois de chêne, à bords garnis de tôle de fer ; elles peuvent être aussi en tôle seulement. Voici le tableau de ces mesures avec leurs dimensions prises intérieurement ; leur diamètre et leur hauteur sont les mêmes.

Noms.	Diamètre et hauteur.
L'HECTOLITRE	503,0 millim.
Le *demi-hectolitre*	399,3
Le *double-décalitre*	294,2
Le DÉCALITRE	233,5
Le *demi-décalitre*	185,4
Le *double-litre*	136,6
Le LITRE	108,4
Le *demi-litre*	86,0
Le *double-décilitre*	63,4
Le *décilitre*	50,3

161. — Dans le commerce du lait et de l'huile, on fait usage des mesures comprises dans la *série du double-litre au décilitre*; ces mesures sont en *fer-blanc*.

162. — Voici maintenant les noms et les dimensions intérieures des mesures de capacité pour les *liquides* :

Noms.	Diamètre.	Hauteur.
Le *double-litre*....	108,4 millim....	216,8 millim.
Le LITRE.........	86,0 —	172,1 —
Le *demi-litre*.....	68,3 —	136,6 —
Le *double-décilitre*.	50,3 —	100,6 —
Le DÉCILITRE......	39,9 —	79,9 —
Le *demi-décilitre*..	31,7 —	63,4 —
Le *double-centilitre*.	23,3 —	46,7 —
Le CENTILITRE....	18,5 —	37,1 —

Toutes les mesures de cette série sont en étain, contenant de 15 à 18 p.°/₀ de plomb. Les débitants de boissons en font usage.

L'HECTOLITRE, le *demi-hectolitre*, le *double-décalitre*, le *décalitre* et le *demi-décalitre* sont encore employés dans le commerce des liquides; mais alors ils sont en tôle ou en cuivre.

Remarque. — Conformément à la loi du 18 germinal an III, chacune des mesures décimales de capacité a son *double* et sa *moitié*.

163. — Lorsque l'hectolitre est pris comme unité, le chiffre des dixièmes représente les *décalitres* et le chiffre des centièmes représente les *litres*.

164. — Si, au contraire, on prend le litre pour unité, le chiffre des dixièmes représente les *décilitres*, et le chiffre des centièmes, les *centilitres*.

EXERCICES PRÉPARATOIRES

Écrire en chiffres les quantités suivantes et ensuite les additionner.

P. 470. — Deux litres vingt-cinq centilitres ; neuf litres cinq décilitres ; trente-cinq centilitres ; huit décilitres.

P. 471. — Quatre décalitres neuf centilitres ; six décalitres trois litres ; quatre-vingt-dix-sept litres trente-cinq centilitres.

P. 472. — Trois hectolitres quatre décalitres ; cinq hectolitres cinq litres ; trente-deux décalitres sept litres.

P. 473. — Six kilolitres huit litres ; deux kilolitres quatre décalitres un litre ; cinq kilolitres quatre hectolitres trois décalitres deux litres.

APPLICATION

P. 474. — Quel est le produit en froment d'une terre de $2^{ha},30$, sachant que le rendement moyen est de $15^{hl},50$ par hectare et que l'hectolitre vaut 20 fr. ?

P. 475. — Une terre de 66 ares a été cultivée en avoine ; sachant que le rendement par hectare est de 28 hectol., on demande quel serait le revenu de cette terre, si l'avoine se vendait 9 fr. l'hectolitre ?

P. 476. — Le rendement du seigle étant de 16 hectol. à l'hectare, à quelle somme s'est élevé le produit d'une terre de 40 mèt. de longueur sur 36 mèt. de largeur, le seigle valant 12 fr. l'hectolitre ?

P. 477. — Calculer le produit d'un terrain de 40 ares ensemencé en maïs, le rendement étant de 60 hectol. par hectare.

P. 478. — Le sarrasin ou blé noir produit à l'hectare une récolte moyenne de 14 hectol. ; quel est le prix de la récolte d'une terre de $80^{a},30$, ensemencée en sarrasin, l'hectolitre valant 8 francs ?

P. 479. — Une terre de $42^{m},50$ sur $36^{m},25$ a été semée en haricots à rames ; quel serait le revenu de cette terre, l'hectare produisant 25 hectol. de haricots et l'hectolitre étant vendu au prix normal de 20 fr. ?

P. 480. — La fève de marais donne une récolte moyenne

de 15 hectol. par hectare; quel serait le rendement d'un terrain de 75 mèt. de longueur sur 65 de largeur, ensemencé en fèves?

P. 481. — Un litre de jus de raisin se compose de $0^{lt},754$ d'eau, de $0^{lt},240$ de sucre et de $0^{lt},006$ d'acide. On désire savoir combien un kilolitre de jus de raisin contient de litres d'eau, de sucre et d'acide.

P. 482. — 5 hectol. de vin brûlé fournissent un hectolitre d'eau-de-vie ; quelle est la valeur de la barrique de vin de 200 lit. lorsque l'eau-de-vie est à 325 fr., 300 fr. et 250 fr. les 2 hectol. ?

P. 483. — L'alcool pur, c'est-à-dire privé d'eau, marque 100 degrés à l'alcoomètre centésimal, et un chiffre quelconque de l'alcoomètre désigne d'une manière exacte la proportion pour 100 de l'alcool pur contenu dans un mélange d'alcool et d'eau, lorsque ce chiffre effleure la surface du liquide. C'est ainsi que, si l'alcoomètre s'enfonce dans le mélange jusqu'au n° 50, le liquide se composera de 50 parties sur 100 (ou de la moitié) d'alcool pur et de 50 parties d'eau pure; s'il s'enfonçait jusqu'au n° 45, le liquide contiendrait 45 parties d'alcool et 55 parties d'eau. En règle générale, *on obtient le volume en litres de l'alcool pur contenu dans l'eau-de-vie en multipliant le nombre des litres par le degré accusé par l'alcoomètre et en divisant le produit par 100.* On néglige les fractions au-dessous de 50 centil. ; on considère comme un litre les fractions de 50 centil. et au-dessus. — Quelle est la quantité d'alcool pur renfermé dans 75 lit. d'eau-de-vie à 40 degrés, à 50 degrés et à 55 degrés centésimaux ?

P. 484. — Combien doit-on payer à la régie pour 75 lit. d'eau-de-vie à 50 degrés, tous droits étant calculés à raison de 90 fr. par hectol. d'alcool * ?

P. 485. — Quels droits payerait un débitant pour 3 barils d'eau-de-vie de chacun 55 lit., le degré de cette eau-de-vie étant pour le premier baril de 40 degrés, pour le second de 44 et pour le troisième de 52 ?

P. 486. — A combien revient à un propriétaire un baril

---

* Les débitants rédimés et les propriétaires payent intégralement le droit de 90 fr. par hectol., mais les débitants exercés jouissent d'une remise de 3 p. °/₀, calculée sur le droit principal qui est de 75 fr. par hectol. d'alcool et de 15 p. °/₀ de la valeur de la mise en vente des vins.

contenant 95 litres d'esprit 3/6 de Languedoc à 86 degrés, au prix de 60 fr. l'hectolitre, droits payés à la régie?

P. 487. — Une dame-jeanne renferme 36 litres d'esprit 3/6 fin de betterave à 90 degrés ; combien faudra-t-il que le débitant rédimé (payant les droits de régie à l'entrée) donne de droits à la régie?

P. 488. — Un marchand en gros a expédié à un propriétaire 15 cruchons d'eau-de-vie à 52 degrés, de la contenance chacun de 1lt,25 ; combien ce marchand doit-il de droits de régie?

P. 489. — On demande un congé pour 75 bouteilles de tafia à 51 degrés; combien faut-il verser à la régie, chaque bouteille contenant 0lt,95?

P. 490. — Combien verserait-on d'argent à la régie pour une caisse contenant 35 bouteilles de kirsch à 53 degrés, les bouteilles étant d'une capacité de 0lt,90?

P. 491. — A quelle somme s'élèveraient les droits à payer à la régie pour 36 litres de cognac, à 60 degrés, et pour 44 bouteilles de liqueurs, chaque bouteille de liqueur étant comptée pour un litre d'alcool?

P. 492. — Un propriétaire a payé à la régie 20 fr. pour droits de détail sur un baril de la contenance de 50 litres d'eau-de-vie ; à quel degré était cette eau-de-vie?

P. 493. — Au-dessus de 50 degrés, le prix des eaux-de-vie augmente de 2 p. % par degré. Quelle serait la valeur de 120 litres d'eau-de-vie à 53 degrés, cette eau-de-vie étant vendue à 50 degrés 1f,15 le litre, et quels seraient les droits de régie?

P. 494. — La régie prélève 15 p. % sur le prix du vin mis en vente par les débitants. On demande à combien s'élèveraient les droits à payer sur trois barriques de 200 litres l'une, le vin étant vendu 0f,20 le litre, 0f,30 le litre, 0f,40 et 0f,50 le litre, ces droits augmentés de leur double dixième (voir la note de la page 122)?

P. 495. — Faire un tableau présentant dans des colonnes : 1° le droit principal, 2° la déduction du 3 p. %, 3° le double décime (dixième), 4° et le net à payer, — pour les droits de régie à percevoir sur 200 litres de vin mis en vente à 0f,15, — 0f,20, — 0f,25, — 0f,30, — 0f,35, — 0f,40, — 0f,45, — 0f,50 le litre?

P. 496. — Les vins, cidres, poirés et hydromels, tant en cercles qu'en bouteilles, mis en circulation et expédiés à un consommateur, payent un droit qui se calcule suivant le tableau ci-après, ce droit augmenté de son double décime. D'après ces données, calculer le droit de circulation d'une pièce bordelaise contenant 228 litres de vin, à destination de Nice.

Nota. Chaque congé ou expédition, accompagnant le liquide, donne droit à un surcroît de 0ʳ,20.

P. 497. — Un chargement de vin de 36ʰˡ,50, pris à Bordeaux, est expédié à un consommateur de la ville de Rouen ; l'expéditeur est du département de la Gironde ; combien doit-on verser au receveur buraliste en prenant le congé de ce vin ?

P. 498. — Un consommateur de Saint-Denis (Seine) reçoit de la Charente quatre pièces de vin pineau et de la Dordogne, six pièces du même vin, contenant chacune 210 litres; combien payera-t-il pour droit de circulation, le vin pineau, produit exclusif de ces deux départements, étant assimilé au vin ordinaire ?

P. 499. — On a expédié de la Normandie, à un consommateur de Lyon, quatre pièces de cidre contenant chacune 2ʰˡ,05 ; quels droits a-t-on payés au receveur buraliste ?

P. 500. — A quelle somme reviendrait le congé de trois pièces de vin contenant ensemble 6ʰˡ,60, expédiées à un consommateur d'Orléans ?

P. 501. — On désirerait expédier 12ʰˡ,50 de vin à un propriétaire de Nancy ; combien faudra-t-il payer de droits de circulation ?

P. 502. — Réunir dans un même tableau, divisé en trois coonnes, comprenant le prix à percevoir en principal, le double décime et le total des sommes à recevoir pour les vins, des problèmes 496 à 501 y compris, selon leur destination.

P. 503. — Le vermout étant assimilé au vin, combien verserait-on à la régie pour l'expédition de 45 litres de ce liquide à un consommateur du département de la Vienne ?

P. 504. — Faire le même calcul pour la même quantité à destination d'un propriétaire habitant le département de l'Aube, de la Corrèze, de l'Aisne et du Pas-de-Calais.

Observation. — Il serait bon de donner des problèmes analogues pour les autres départements compris au tableau ci-après

TABLEAU

DES DÉPARTEMENTS DIVISÉS EN QUATRE CLASSES

POUR LA

PERCEPTION DES DROITS DE CIRCULATION ET D'ENTRÉE

SUR LES BOISSONS

VINS

1ʳᵉ CLASSE 0ᶠ,60 PAR HECTOLITRE	2ᵉ CLASSE 0ᶠ,80 PAR HECTOLITRE	3ᵉ CLASSE 1 fr. PAR HECTOLITRE	4ᵉ CLASSE 1ᶠ,20 PAR HECTOLITRE
Alpes (Basses-).	Ain.	Aisne.	Calvados.
Alpes-Maritimes.	Allier.	Ardennes.	Côtes-du-Nord.
Ariége.	Alpes (Hautes-).	Cantal.	Finistère.
Aube.	Ardèche.	Creuse.	Ille-et-Vilaine.
Aude.	Cher.	Doubs.	Manche.
Aveyron.	Corrèze.	Eure.	Mayenne.
Bouches-du-Rhône	Côte-d'Or.	Eure-et-Loir.	Nord.
Charente.	Drôme.	Loire.	Orne.
Charente-Inférieure	Indre.	Lozère.	Pas-de-Calais.
Dordogne.	Indre-et-Loire.	Morbihan.	Seine-Inférieure.
Gard.	Isère.	Oise.	Somme.
Garonne (Haute-).	Jura.	Rhin (Bas-).	
Gers.	Loir-et-Cher.	Rhin (Haut-).	
Gironde.	Loire (Haute-).	Rhône.	
Hérault.	Loire-Inférieure.	Saône-et-Loire.	
Landes.	Loiret.	Sarthe.	
Lot.	Maine-et-Loire.	Seine.	
Lot-et-Garonne.	Marne.	Seine-et-Marne.	**CIDRES, POIRÉS**
Pyrénées (Basses-)	Marne (Haute-).	Seine-et-Oise.	ET
Pyrénées (Hautes-)	Meurthe.	Vienne (Haute-).	**HYDROMELS**
Pyrénées-Oriental.	Meuse.	Vosges.	0ᶠ,50
Savoie.	Moselle.		PAR HECTOLITRE
Savoie (Haute-).	Nièvre.		
Tarn.	Puy-de-Dôme.		
Tarn-et-Garonne.	Saône (Haute-).		
Var.	Sèvres (Deux-).		
Vaucluse.	Vendée.		
	Vienne.		
	Yonne.		

P. 505. — Au-dessous de 25 litres, les marchands en gros payent un droit de circulation égal au 1/15 du prix moyen de détail de l'année précédente, plus le double décime. Chercher les droits de détail que doit payer un marchand en gros sur 23 litres de vin destinés à sa consommation, le prix moyen de l'année précédente ressortant à 0ᶠ,30 le litre.

P. 506. — Le vin sorgho se prépare en mélangeant 100 kilog. de raisin avec 25 kilog. de cannes de sorgho broyées ; le raisin valant 20 fr. les 100 kilog. et le sorgho 3 fr. les 100 kilog., quel serait le prix d'un hectolitre de ce vin, le mélange donnant 50 litres de vin ?

P. 507. — Un mélange de 100 litres d'eau, de 15 litres de seigle germé et de 500 grammes de levure de bière fait une bonne bière ; combien coûterait cette bière, le seigle étant au cours normal de 12 fr. l'hectol. et le kilog. de levure de bière se vendant 0ᶠ,80, et quel est le prix d'un litre de cette bière, le mélange donnant 100 litres ?

P. 508. — Quel serait le prix du litre de la bière économique préparée avec 250 gram. de houblon, coûtant 0ᶠ,75 ; 3 kilog. de mélasse des colonies, coûtant 2ᶠ,10 ; 150 gram. de levure de bière, coûtant 0ᶠ,12, le tout additionné de 110 litres d'eau et fournissant 100 litres de boisson ?

P. 509. — Le goût de la mélasse répugnant à quelques personnes, la bière économique peut encore se préparer de la manière suivante :

500 grammes de houblon coûtant.	1ᶠ	50
2ᵏᵍ,500 de cassonade blonde » .	3	50
150 gram. de levure de bière » .	0	12
75 gram. de caramel » .	0	15

Quel est le prix du litre de cette bière, si on ajoute à ces ingrédients 110 litres d'eau pour obtenir 100 litres de boisson ?

P. 510. — Pour être panifiés, 1 000 kilog. de farine, en absorbant 617 litres d'eau, rendent 1 373 kilog. de pain. Trouver la quantité d'eau perdue pendant la cuisson, et la différence entre ce rendement et celui du problème 554.

P. 511. — Calculé sur les données du problème précédent, quel est le nombre des litres d'eau absorbés par la farine d'un hectol. de blé de 75 kilog. (p. 553); quelle est aussi la quantité d'eau incorporée à 1 un kilog. de cette farine ?

P. 512. — Combien faut-il de litres de lait de vache pour faire un kilog. de fromage, sachant qu'un litre de lait donne $0^{ks},0594$ de fromage ?

P. 513. — Combien faudrait-il de lait pour fournir $1^{ks},170$ de fromage ?

P. 514. — Que coûteraient 15 hectolitres de chaux vive destinée au chaulage d'un hectare de terre sablonneuse, la chaux valant $4^f,20$ la barrique de 200 litres, et quelle serait la dépense du chaulage d'une terre siliceuse, la dose de chaux à employer étant en moyenne de 125 hectol. par hectare ?

P. 515. — 2 200 kilog. de betteraves fournissent par la distillation un hectol. d'alcool à 100 degrés centésimaux ; quel est le rendement en poids d'un hectare planté en betteraves, sachant que ce rendement peut fournir 24 hectol. d'alcool pur, et quelle est sa valeur, l'hectol. étant coté 96 fr. ?

P. 516. — Combien a-t-on reçu de litres d'huile de lin pour $144^f,40$, sachant que cette huile se vend 95 fr. les 100 litres?

P. 517. — $4^{hl},80$ de pommes de terre jaunes ordinaires ont rendu, dans 30! ares de terrain, 52 hectol. de tubercules, et 8 ares, ensemencés de 70 litres de pommes de terre chardon, ont donné 24 hectolitres de récolte. Quelle est la différence de rendement par are et hectare, et quelle est l'économie réalisée sur la semence, la pomme de terre chardon étant semée exclusivement?

P. 518. — Combien faudrait-il employer de tubercules de pommes de terre chardon pour ensemencer un terrain rectangulaire de 180 mèt. de longueur sur 120 de largeur, sachant qu'il faut, pour l'ensemencement d'un are, 16 litres de ces tubercules ?

P. 519. — Les alcools de sorgho, de topinambours, de grains, etc., prennent le nom d'alcools d'industrie, pour les distinguer des alcools de vin. Le dédoublage de ces deux espèces d'alcools se fait de la manière suivante : pour réduire de l'alcool 3/6 de 90 degrés à 50 degrés (eau-de-vie marchande), il faut ajouter, par hectol. d'alcool, 84 lit. d'eau ; quel serait le prix de revient d'un hectol. de dédoublage de 3/6 de betteraves de 90 degrés bon goût, l'hectol. valant 64^f,40, et quel serait ce même prix pour de l'esprit 3/6 mauvais goût, coté 51^f,52 ?

P. 520. — Quel serait le prix de revient de l'hectol. du mélange résultant d'eau et d'esprit 3/6 de vin à 90 degrés, sachant que pour réduire l'esprit à 50 degrés, il faut ajouter à l'hectolitre d'esprit 84 litres d'eau et que l'esprit est coté 73^f,60 l'hectolitre ?

P. 521. — Pour obtenir de l'eau-de-vie marchande à 50 degrés, on ajoute à un hectolitre d'esprit 3/6, à 85 degrés, 73 litres d'eau ; combien faudrait-il vendre le litre d'eau-de-vie, si le marchand en gros voulait gagner 5^f,19 par hectolitre d'esprit 3/6, cet esprit valant 83^f,04 l'hectolitre, et à combien reviendrait l'hectolitre de mélange ?

P. 522. — Cette eau-de-vie (p. 521) a été vendue 88^f,23 à un débitant qui l'a revendue au détail 1^f,25 le litre ; combien ce débitant a-t-il gagné sur un hectolitre, droits de régie (p. 484) défalqués ?

P. 523. — L'esprit 3/6, à 60 degrés, se réduit en eau-de-vie marchande, à 50 degrés, en ajoutant 20 litres d'eau à un hectolitre d'esprit. A combien reviendrait le mélange, l'esprit étant coté 60 fr., et quels seraient les droits à payer à la régie (p. 484), le tout expédié à un propriétaire ?

P. 524. — Quelle est la contenance en hectolitres d'une cuve ayant la forme d'un cône tronqué, le diamètre de l'ouverture étant de 1^m,66, celui du fond de 1^m,92 et la hauteur de la cuve de 1^m,89, et combien a-t-on payé à l'ouvrier qui a confectionné cette cuve, son salaire étant calculé à raison de 7^f,50 par mètre cube ?

MESURES DE PESANTEUR

165. — Le GRAMME est l'unité des mesures de pesanteur. C'est le poids d'*un centimètre cube d'eau distillée*, à 4 degrés centigrades au-dessus de zéro.

166. — Les multiples du gramme sont :

Le *décagramme*, qui vaut 10 gram.
L'*hectogramme*, — 100
Le *kilogramme*, — 1 000

167. — Le poids de 100 *kilogrammes* s'appelle *quintal métrique*. Le poids de 1 000 *kilogrammes* prend le nom de *tonneau de mer*.

168. — Les subdivisions du gramme sont :

Le *décigramme*, qui vaut 0,1 de gram.
Le *centigramme*, — 0,01
Le *milligramme*, — 0,001

169. — Le litre (ou décimètre cube) renferme 1 000 centimètres cubes; on en conclut (165) que le litre pèse *un kilogramme*.

170. — Les poids employés dans le commerce et l'industrie sont en fonte de fer ou en cuivre. Les poids en fonte ont la forme, ceux de 20 et 50 kilogrammes, d'une pyramide tronquée quadrangulaire, à angles arrondis ; les autres ont la forme d'une pyramide tronquée régulière à base hexagonale. Les poids en fonte sont tous surmontés d'un anneau en fer. Voici la série de ces poids :

Noms.	Valeur en grammes.
50 *kilogrammes*	50 000
20 *kilogrammes*	20 000
10 *kilogrammes*	10 000
5 *kilogrammes*	5 000
Double-kilogramme	2 000
KILOGRAMME	1 000
Demi-kilogramme	500
Double-hectogramme	200
Hectogramme	100
Demi-hectogramme	50

6.

171. — Les poids en cuivre ont la forme d'un cylindre ; ils sont surmontés d'un bouton également en cuivre. Voici leurs noms et leurs valeurs en grammes :

20 *kilogrammes*....................	20 000 gram.
10 *kilogrammes*....................	10 000
5 *kilogrammes*....................	5 000
Double-kilogramme............	2 000
KILOGRAMME..................	1 000
Demi-kilogramme............	500
Double-hectogramme..........	200
Hectogramme................	100
Demi-hectogramme...........	50
Double-décagramme..........	20
Décagramme.................	10
Demi-décagramme............	5
Double-gramme..............	2
GRAMME....................	1

172. — Les subdivisions du gramme sont représentées par des lames carrées en laiton (cuivre jaune). Le tableau suivant fait connaître les noms et les valeurs de ces poids :

Demi-gramme....................	0,5
Double-décigramme.............	0,2
Décigramme....................	0,1
Demi-décigramme...............	0,05
Double-centigramme............	0,02
Centigramme...................	0,01
Demi-centigramme..............	0,005
Double-milligramme............	0,002
Milligramme...................	0,001

Les lames de laiton servent à peser les choses de prix, comme les matières d'or et d'argent, les pierres précieuses.

173. — Il existe enfin des poids de cuivre, en forme de *godets coniques* s'emboîtant les uns dans les autres. Chaque série comprend un kilogramme, ou un de ses sous-multiples, et correspond d'ailleurs à la série des poids cylindriques de même valeur.

EXERCICES PRÉPARATOIRES

P. 525. — Quel est le total des nombres suivants : 15 gram., 95 gram., 835 gram. et 617 gram.?

P. 526. — Quel est le poids total des quatre pièces de fer suivantes, la première pesant 8 hectog. 35 gram.; la seconde, 9 hectog. 4 décag., la troisième, 7 hectog. 9 décag., et la quatrième, 6 hectog. 3 décag. 5 gram.?

P. 527. — Un bloc de pierre pesant 1 225 kilog. a été coupé en deux parties dont l'une pèse 625^{kg},525 ; quel est le poids de l'autre?

P. 528. — On a conduit dans un terrain 8 hectol. de chaux, dans un autre 15 hectol. et dans un troisième 17 hectol.; quel est le poids de cette chaux, l'hectolitre pesant 90 kilog.?

P. 529. — La pièce de 5 fr. pesant 25 gram., quel est le poids de 10 pièces de 5 fr. et de 100 pièces de 5 fr.?

P. 530. — Combien y a-t-il de décagrammes et de décigrammes dans un kilogramme?

P. 531. — Un navire a une cargaison de 45 000 kilog., quel est ce poids en tonneaux de mer et en quintaux métriques?

P. 532. — A 10 fr. le quintal métrique, quel serait le prix du tonneau de mer ?

P. 533. — Le kilogramme coûtant 10 fr., quel est le prix d'un hectogramme, d'un décagramme et d'un gramme?

P. 534. — Quel serait le poids de l'eau pure contenue dans un bassin rectangulaire de 1^m,50 de longueur, 1 mèt. de largeur et 0^m,80 de hauteur?

P. 535. — A 3 fr. le gramme, quel est le prix d'un décigramme, d'un centigramme et d'un milligramme?

APPLICATION

P. 536. — Quelle est la quantité du jus produit par 525 kilog. de tiges de sorgho broyées, le poids de ce jus étant de 65 p. 100 du poids des tiges ?

P. 537. — Un marchand épicier a acheté 149^{kg},625 de bougie, à raison de 250 fr. les 100 kilog.; quel serait le bénéfice qu'il réaliserait en vendant chaque bougie 0^f,25, sachant qu'un paquet de 5 bougies pèse 475 gram. ?

P. 538. — Combien a reçu un ouvrier serrurier pour fournitures de 12^{kg},500 de fer forgé pour gonds, 23^{kg},100 pour fer de pentures, et 16^{kg},200 de boulons avec leurs écrous, à raison de 1 fr. le kilogramme ?

La DENSITÉ d'un corps *solide, liquide* ou *gazeux*, est le *poids de ce corps sous l'unité de volume.* C'est ainsi qu'UN *décimètre cube* de fer, pesant 7^{kg},788, a pour *densité* 7,788. *Un* décimètre cube d'eau distillée, pesant 1 kilog., a pour densité UN. On appelle *poids spécifique d'un corps* ce poids comparé à celui de l'eau ; par conséquent, les mots *densité* et *poids spécifique* sont des mots synonymes. Le litre, étant la capacité d'un décimètre cube, exprimera, par son poids, la *densité* du liquide qu'il renfermera, comme le poids d'un décimètre cube d'un corps quelconque exprimera la densité de ce corps.

TABLEAU

DES POIDS SPÉCIFIQUES DE DIFFÉRENTS CORPS

(Le décimètre cube est pris pour unité.)

1° SOLIDES

	kg		kg
Platine laminé	22,069	Cuivre fondu	8,788
Platine forgé	20,337	Acier	7,816
Or forgé	19,362	Fer en barre	7,788
Or fondu	19,258	Fer fondu	7,207
Mercure *	13,598	Étain fondu	7,291
Plomb fondu	11,352	Zinc fondu	6,861
Argent fondu	10,474	Rubis	4,283

* Le mercure est liquide à la température ordinaire et solide à 40 degrés au-dessous de zéro.

Suite des Solides

	kg		kg
Diamant	3,531	Hêtre	0,852
Marbre de Paros	2,837	Aubier	0,850
Marbre ordinaire	2,717	Frêne	0,845
Perles	2,750	Chêne blanc	0,842
Verre	2,488	Orme	0,800
Pierre meulière	2,484	Faux acacia	0,791
Pierre à plâtre	2,168	Abricotier	0,789
Porcelaine	2,145	Boulinet	0,784
Brique très-cuite	2,200	If	0,778
Tuile	2,200	Chêne de Bourgogne	0,764
Ivoire	1,917	Charme	0,760
Sable pur	1,900	Cerisier	0,741
Glaise pure	1,900	Bouleau	0,702
Albâtre	1,874	Arbre de Judée	0,686
Terre ordinaire	1,700	Châtaignier	0,685
Sable terreux	1,700	Acacia	0,676
Terre argileuse	1,600	Aune	0,655
Brique peu cuite	1,500	Cyprès pyramidal	0,655
Terre végétale	1,400	Érable de Virginie	0,629
Houille	1,389	Tilleul	0,604
Sel marin	0,920	Cèdre du Liban	0,603
Amandier	1,102	Cyprès étalé	0,572
Ébénier	1,054	Érable jaspé	0,554
Chêne vert	0,994	Sapin	0,550
Buis de Mahon	0,919	Peuplier	0,383
Cormier	0,911	Liége	0,240
Alizier	0,879		

2° LIQUIDES

	kg		kg
Acide sulfurique	1,8409	Huile de lin	0,9400
Acide nitrique	1,2175	Glace fondante	0,9320
Eau de mer	1,0263	Huile d'olive	0,9153
Lait pur	1,0300	Eau-de-vie	0,8600
Eau pure	1,0000	Esprit-de-vin	0,8370
Vin de Bordeaux	0,9939	Alcool	0,7920
Vin ordinaire	0,9927	Ether sulfurique	0,7155
Vin de Bourgogne	0,9915		

3° GAZ

	kg		kg
Air	0,0013	Azote	0,0012
Acide carbonique	0,0020	Gaz à brûler	0,0007
Oxygène	0,0044	Hydrogène	0,00009

P. 539. — Quel est le poids d'une barrique de vin de 200 litres, non compris le fût, la densité du vin ordinaire étant 0,9927 ?

P. 540. — La densité de l'alcool étant 0,792, déterminer le poids d'un hectolitre d'alcool ?

P. 541. — Quel est le prix d'un kilogramme d'alcool, le litre valant 3^f,96 ?

P. 542. — 7 décil. de miel pèsent 1 kilog.; quelle est la densité du miel pur, c'est-à-dire le poids d'un litre ?

P. 543. — Quelle est la quantité du jus produit par 2 525 kilog. de tiges de sorgho broyées, le poids de ce jus étant de 65 p. % du poids des tiges ?

P. 544. — Converti en sucre, le jus de tiges de sorgho donne 12,5 p. % de son poids ; quel est le poids du sucre rendu par 80 kilog. de ce jus ?

P. 545. — Combien un hectare de terre, qui donne une récolte moyenne de 40 000 kilog. de tiges de sorgho, rapporte-t-il de kilogrammes de sucre ?

P. 546. — Soumis à la fermentation, le jus de sorgho se transforme en liqueur spiritueuse contenant 8 p. % d'alcool; on désirerait connaître le nombre des litres d'alcool fournis par 40 000 kilog. de tiges de sorgho, la densité de l'alcool étant 0,792 ?

P. 547. — Le sucre de sorgho étant estimé 1^f,10 le kilog. et le litre d'alcool de la même plante 1^f,30 le litre, vaut-il mieux réduire 40 000 kilog. de tiges en sucre qu'en alcool ?

P. 548. — Les tubercules de topinambours produisent par la distillation 7 p. % d'alcool; quelle est la quantité d'alcool à extraire de 92^{kg},500 de tubercules ?

P. 549. — Quelle est la production en alcool, à 1^f,30 le litre, d'un hectare de terrain ensemencé en tubercules de topinambours, le rendement moyen étant de 25 000 kilog. par hectare ?

P. 550. — La pomme de terre jaune contient 20 p. % de fécule ; quelle serait la quantité de fécule rendue par un hectolitre de pommes de terre jaunes pesant 65 kilog., et quel serai le prix de cette fécule à 0^f,30 le kilog. ?

P. 551. — Quelle est la différence de valeur de la fécule des pommes de terre jaunes (p. 550) et des pommes de terre chardon récoltées dans un terrain de 40 ares, ces pommes de terre donnant une récolte proportionnelle à celle du problème 517, sachant que la fécule rendue par la pomme de terre chardon est de 17 p. °/₀ de son poids et que l'hectolitre pèse 65 kilog. ?

P. 552. — La pomme de terre, connue sous le nom de patraque jaune, contient 29 p. °/₀ de fécule; à 0ᶠ,30 le kilog., quelle est la valeur de la fécule d'un hectolitre de pommes de terre patraques de 65 kilog.?

P. 553. — Sachant qu'un hectolitre de grains de froment de 75 kilog. rend au moins 75 p. °/₀ de farine, 22 p. °/₀ de toutes issues (son) et 3 p. °/₀ de déchet (ordures, évaporation, etc.), on demande le poids de ces différentes quantités?

P. 554. — On a constaté, après différentes épreuves, que 100 kilog. de farine fournissent 130 kilog. de pain; quelle est la quantité de pain rendue par la farine de 75 kilog. de blé (p. 553)?

P. 555. — La taxe officielle du pain s'établissait sur le prix moyen de l'hectolitre de blé de 75 kilog., en ajoutant à ce prix 0ᶠ,04 par kilogramme pour frais de manutention et bénéfice alloué au boulanger, et en divisant le total par le nombre des kilogrammes obtenus en panifiant l'hectolitre de blé (p. 554). Le quotient donnait le prix de la première qualité. En diminuant ce prix d'un sixième, on obtenait celui de la deuxième qualité. Celui de la troisième s'obtenait en diminuant d'un sixième celui de la seconde qualité. Établir, sur ces données, le prix des trois qualités de pain, le froment étant à 20 fr., 25 fr. et 30 fr. l'hectolitre.

P. 556. — Quel est le bénéfice effectué par le boulanger lorsque le blé est à 20 fr., 25 fr. et 30 fr. l'hectolitre et qu'il vend le son 10 fr., 12 fr. et 15 fr. le quintal métrique ?

P. 557. — En cuisant son pain soi-même, quelle est l'économie qu'on pourrait faire sur un hectolitre de blé de 75 kilog., le son considéré comme compensant les frais de manutention ?

P. 558. — Une famille composée de 5 personnes dépense par tête et par an 3 hectol. de froment; en prenant son pain chez le boulanger, combien dépenserait-elle chaque année en pain de 2ᵉ qualité; et, si elle panifiait le blé, supposé dans les deux cas à 20 fr. l'hectolitre de 75 kilog., combien économiserait-elle (p. 557)?

P. 559. — La densité du lait de vache est 1,320; ce lait se compose de 4,1 p. °/₀ de beurre, de 4,5 p. °/₀ de fromage ou caséum, de 3,8 p. °/₀ de sucre de lait et de sels, et de 87,6 p. °/₀ d'eau ; quel est le poids de chacune de ces quantités?

P. 560. — Quelle est la quantité de fromage donnée, en un mois, par une vache dont le produit journalier est de 8 litres de lait en moyenne, et quelle est la valeur de ce fromage à 1^f,20 le kilogramme ?

P. 561. — La densité du lait pur étant 1,320, calculer le poids d'un hectolitre de lait.

P. 562. — 23^{lt},5 de lait donnent un kilogramme de beurre ; quel serait le revenu annuel en beurre produit par une vache qui aurait en moyenne 8 litres de lait par jour, sachant que le beurre vaut 2^f,50 le kilogramme ?

P. 563. — Quelle est la quantité d'huile rendue par 100 kilog. du fruit ou de la graine des plantes suivantes, sachant que :

Les noix donnent	50 p. %	de leur poids;
L'œillette	48 p. %°	de son poids ;
Les amandes douces	46 p. %	de leur poids ;
Les graines de colza	39 p. %	—
La navette	33 p. ₀/°	de son poids ;
Le lin	25 p. %	—
La faîne	14 p. ₰/₀	—
Le chènevis	15 p. %	—

P. 564. — L'huile de noix valant 120 fr. les 100 kilog. et sa densité étant 0,875, combien payerait-on un hectolitre de cette huile ?

P. 565. — L'hectolitre d'huile d'œillette pesant en moyenne 91^{kg},9, quelle est sa densité ?

P. 566. — L'huile de colza vaut 135 fr. les 100 kilog.; quel est le prix de l'hectolitre, sa densité étant 0,925?

P. 567. — L'huile de lin se vend 137^f,50 les 100 kilog.; quelle serait la valeur de l'huile rendue par 100 kilog. de graine, la densité de l'huile de lin étant 0,940?

P. 568. — Quel est le poids d'un bloc de pierre meulière, dont la forme est celle d'un parallélipipède rectangle, ayant 3 mèt. de longueur, 2^m,50 de largeur et 1^m,20 de hauteur, la densité de la pierre meulière étant 2,484?

P. 569. — Quel est le poids de l'air compris dans un appartement de 4^m,50 de longueur sur 3^m,75 de largeur et 2^m,60 de hauteur, la densité de l'air étant 0,0013 ?

P. 570. — Quelle serait la différence du poids de l'eau et du poids de la glace que pourrait contenir le vase du problème 434, l'eau à l'état de glace pesant 914 gram. le décim. cube ?

P. 571. — Un centimètre carré de surface supporte une colonne d'air dont la pression est égale à $1^{kg},033$; en supposant la surface du corps humain d'environ $1^{mq},20$, quel serait le poids de la pression de l'air supporté par le corps de l'homme ?

P. 572. — Quel serait le poids de cette pression remplacée par celle de l'eau, cette dernière étant 770 fois plus grande que celle de l'air ?

P. 573. — La pression atmosphérique fait équilibre à une colonne de mercure de $0^m,76$ de hauteur ; quelle serait la hauteur d'une colonne d'eau de même base, la densité de mercure étant 13,6 ?

P. 574. — La tension de la vapeur s'évalue en atmosphères, c'est-à-dire qu'on dit que cette tension est d'une atmosphère lorsqu'elle exerce une pression de $1^{kg},033$ sur une surface de *un centim. carré* ; de deux atmosphères, si cette pression est double, etc. Déterminer la force de la vapeur d'une chaudière dont la tension s'exerce sur un piston de 15 centim. carrés, cette tension étant de 8 atmosphères.

P. 575. — Que pèse un cylindre de chêne ayant $4^m,50$ de longueur et $0^m,20$ de rayon, sa densité étant 0,842 ?

P. 576. — Un tombereau, plein de sable pur, a un volume de $0^{mc},750$; quel est le poids de ce sable, celui-ci ayant une densité de 1,900 ?

P. 577. — Un ballon a un volume de 168 mèt. cub.; gonflé de gaz hydrogène, dont la densité est 0,00009, on demande par quel poids sera représentée la force ascensionnelle de ce ballon, son enveloppe et ses accessoires pesant 125 kilog.

P. 578. — Au battage, 167 kilog. de paille de froment équivalent à un hectolitre de grains de 75 kilog.; quelle est la valeur de la paille correspondant à 15 hectol. de grains, la paille se vendant 61 fr. les 1 000 kilog. ?

P. 579. — Un fermier a fait une récolte de paille de froment de $1\,753^{kg},500$; quelle est la quantité de blé correspondante (p. 578) ?

P. 580. — Il faut 12^{kg},500 de fumier pour obtenir 1 kilog. de froment; quel est le poids du fumier nécessaire pour produire un hectolitre de froment de 75 kilog., et quel est le prix de ce fumier à raison de 3^f,50 le mèt. cube, celui-ci pesant 750 kilog.?

P. 581. — La paille de seigle est dans la proportion de 175 kilog. par hectolitre de grains de 71 kilog.; quelle est la quantité de paille qui correspond à un rendement de 852 kilog. de seigle?

P. 582. — L'hectolitre d'avoine pèse en moyenne 45 kilog. qui sont représentés par la quantité correspondante de 47 kilog. de paille; quel est le revenu d'une pièce de terre qui a produit 470 kilog. de paille, l'avoine calculée sur le pied de 20 fr. les 100 kilog., et la paille, sur celui de 25 fr. les 500 kilog.?

P. 583. — Il a été récolté 100 hectol. d'avoine; quelle est la valeur correspondante de la paille, cette paille pouvant se vendre 25 fr. ies 500 kilog.?

P. 584. — Pour nourrir 100 kilog., poids vivant de bétail, il faut 15^{kg},750 de fourrage vert par jour; quelle quantité de fourrage vert faudrait-il pour nourrir pendant 8 jours une paire de bœufs pesant chacun 375 kilog., et à quel poids de fourrage sec correspondrait le fourrage vert, sachant que par la dessiccation ce dernier perd 78 p. $^o/_o$ de son propre poids?

P. 585. — Pour la ration d'entretien d'un bœuf ou d'une vache, il faut par jour une nourriture en foin sec équivalant à 3,5 p. $^o/_o$ du poids de l'animal. Quelle serait la quantité de foin nécessaire pour nourrir un bœuf du poids de 350 kilog. pendant 30 jours et pendant un an?

P. 586. — Une prairie a 250 mèt. de longueur sur 168 mèt. de largeur; sa production est de 1 825 kilog. de foin par hectare; la récolte de cette prairie serait-elle suffisante pour nourrir, pendant un an, un attelage de 2 bœufs de chacun 300 kilog.?

P. 587. — Si, au lieu d'être exclusivement nourri en foin, l'attelage du problème précédent était nourri partie en foin et partie en paille, quelle serait la provision en foin et en paille pour l'année entière, la paille entrant pour le sixième dans l'alimentation, et 360 kilog. pouvant remplacer 100 kilog. de foin sec de bonne qualité?

P. 588. — Quelle quantité de fumier donnerait un attelage pesant 500 kilog., sachant que 1 kilog. de foin sec, ou son équivalent, fournit 2ᵏˢ,330 de fumier, litière comprise? — Quels seraient le volume et la valeur de ce fumier au bout d'un an (p. 580)?

P. 589. — A l'état d'engraissement, la dose de foin sec doit être, par jour, de 6 p. % du poids de l'animal ; quel serait le poids de foin sec que consommerait une vache de 350 kilog., si elle restait 4 mois en voie d'engraissement ?

P. 590. — La ration normale d'un bœuf de 350 kilog. étant connue, on demande quel serait le poids du regain à employer pour nourrir ce bœuf pendant 8 jours, 87 kilog. de regain équivalant à 100 kilog. de foin sec ?

P. 591. — Un cheval du poids de 250 kilog. a été nourri pendant 3 mois en foin sec et en trèfle fané ; quelle est la dépense qu'il a faite, sachant qu'il consomme par jour 4 p. % de son poids en foin sec ; qu'il a été nourri moitié en trèfle ; que 88 kilog. de trèfle représentent 100 kilog. de foin ; que le foin vaut 72 fr. les 1 000 kilog. et le trèfle 86 fr. les 1 000 kilog. ?

P. 592. — Le produit d'une luzernière en bon terrain étant de 8 500 kilog. par hectare, on demande à combien de kilogrammes de foin équivaudrait la récolte en luzerne d'un terrain de 110 mèt. de longueur sur 80 mèt. de largeur, 88 kilog. de luzerne représentant 100 kilog. de foin sec ?

P. 593. — Quelle quantité de foin représenterait le terrain du problème précédent, ensemencé en trèfle commun, la production étant de 5 500 kilog. par hectare, toutes choses égales d'ailleurs ?

P. 594. — En matières nutritives, 340 kilog. de betteraves blanches disettes représentent 100 kilog. de bon foin sec ; combien faudrait-il de foin pour nourrir pendant 185 jours un attelage du poids de 700 kilog. (p. 354), sachant que le nourrisseur a à sa disposition 13 661ᵏˢ,200 de betteraves qu'il désire faire entrer dans l'alimentation de son bétail ?

P. 595. — Si l'on substituait 13 661ᵏˢ,200 de betteraves jaunes aux betteraves blanches (problème précédent), faudrait-il plus ou moins consommer de foin sec, 300 kilog. de betteraves jaunes représentant 100 kilog. de foin ?

P. 596. — Pendant combien de jours nourrirait-on 2 veaux, de chacun 175 kilog., avec 3 675 kilog. de pommes de terre, 250 kilog. de ces tubercules pouvant remplacer 100 kilog. de foin sec de bonne qualité ?

P. 597. — Un bœuf d'engrais de 475 kilog. doit être nourri successivement et alternativement de foin sec, de topinambours, de carottes et de navets pendant l'espace de 80 jours ; combien faudrait-il de foin et de ces différentes plantes alimentaires, sachant que 350 kilog. de topinambours, 280 kilog. de carottes et 400 kilog. de navets correspondent respectivement à 100 kilog. de foin sec (p. 589)?

P. 598. — Avec 518 kilog. de féverolles, on a nourri deux bœufs du poids total de 500 kilog. pendant 100 jours ; on demande à quelle quantité de foin sec (p. 585) correspondent ces féverolles, et combien il faut de kilogrammes de féverolles pour remplacer 100 kilog. de foin sec ?

P. 599. — 48 kilog. de sarrasin nourrissent aussi bien les bêtes bovines que 100 kilog. de foin sec de bonne qualité; on voudrait savoir s'il serait plus avantageux de nourrir pendant 8 jours une paire de vaches pesant ensemble 440 kilog. en sarrasin qu'en foin, le sarrasin valant 13^f,30 les 100 kilog. et le foin 72 fr. les 1 000 kilog. ?

P. 600. — Combien faudrait-il donner d'avoine à un cheval de 250 kilog. pour remplacer le quart de sa ration de foin journalière (p. 591), 61 kilog. d'avoine représentant, en matières nutritives, 100 kilog. de foin sec ?

P. 601. — Quelle est la provision de paille de froment utile pour la nourriture annuelle d'un cheval de 250 kilog., sachant qu'on remplace la moitié de sa ration journalière en foin par une quantité de paille équivalente, et que 360 kilog. de paille représentent, en matières nutritives, 100 kilog. de foin sec?

P. 602. — On voudrait nourrir ce cheval de manière que le foin entrât pour la moitié dans son alimentation, la paille pour les 4/10 et l'avoine pour 1/10 ; quelle provision faudrait-il faire en foin, paille et avoine pour nourrir ce cheval pendant un an?

P. 603. — On se propose de faire manger du seigle avarié à deux veaux du poids total de 270 kilog.; on sait que 67 kilog. de seigle équivalent à 100 kilog. de foin sec et que l'hectolitre de seigle pèse 71 kilog.; on voudrait savoir pendant combien de jours on pourrait pourrir ces deux veaux avec $12^{hl},663$ de ce seigle?

P. 604. — Sachant que le mètre cube de fumier pèse 750 kilog., combien a-t-on employé de mètres cubes à la fumure d'un terrain sur lequel on a répandu $1\,912^{kg},500$?

P. 605. — Pour la fumure d'une terre de $25^{ar},50$, on a employé pour $8^f,925$ de fumier; quel est le volume de ce fumier, le mètre cube valant $3^f,50$?

P. 606. — On obtient annuellement 2 850 kilog. de fumier par 100 kilog. de poids de bétail vivant, litière comprise. Quel serait le produit en fumier de deux bœufs de chacun 350 kilog., et quelle serait la valeur de ce fumier, le mètre cube de 750 kilog. se payant $3^f,50$?

P. 607. — Le produit en fumier d'une vache de 300 kilog. représente assez exactement celui de 8 moutons; quelle est la quantité de fumier produit chaque année (p. 606) par 8 moutons et par tête de mouton?

P. 608. — Un propriétaire a une paire de bœufs pesant ensemble 850 kilog. et 24 moutons; quelle étendue de terre pourra-t-il fumer avec l'engrais produit par ces animaux (p. 354, 606, 607)?

P. 609. — Si on ajoute 150 kilog. de sel à 18 000 kilog. de fumier, on obtient par hectare une récolte supérieure de 8 p. % sur le poids des céréales. Par cette addition, de combien augmenterait-on le poids de la récolte d'un terrain de 215 mèt. de longueur sur 175 mèt. de largeur, semé en froment? — Quel est le bénéfice qu'on réaliserait sur une fumure ordinaire, le froment valant 20 fr. l'hectolitre et le sel 15 fr. les 100 kilog.?

P. 610. — Il faut 11 journées d'hommes à $1^f,50$ l'une pour les travaux utiles à la récolte du foin d'un hectare; on demande quel serait le chiffre de la dépense pour la récolte du foin d'une prairie de 230 mèt. de longueur sur 180 mèt. de largeur.

P. 611. — Quel serait le rendement de cette prairie (p. 610), la production en foin étant de 1 825 kilog. par hectare et la production en regain étant le quart de celle du foin?

P. 612. — Le foin et le regain d'un pré de 78 mèt. de longueur sur 75 mèt. de largeur ont été vendus au prix de 72 fr. les 1 000 kilog.; les frais de toute nature étant par hectare de 35 fr., quel est le produit net de ce pré?

P. 613. — Supposé que, par tête, chaque individu dépense $0^{kg},500$ de blé par jour, quel serait le poids en quintaux métriques

du blé nécessaire à l'alimentation annuelle du peuple français,
dont la population s'élève au chiffre de 37 382 225 habitants?

P. 614. — Un capitaine de navire a à son bord un tas de
charbon d'un volume de 70^{mc},525 ; quel est le poids de ce charbon en tonneaux de mer, sa densité étant de 1,389 ?

P. 615. — A combien reviendrait la salaison de 56^{kg},500
de lard et de porc, sachant qu'on a employé 3^{kg},500 pour saler
28 kilog. de viande et que le kilog. de sel coûte 0^f,15?

P. 616. — Le sel marin est un excellent condiment pour le
bétail et un très-bon engrais pour les terres. Voici les proportions de sel à donner aux animaux dont les noms suivent :

Bœuf d'engrais . . .	115 gram.	par jour.
Bœuf de travail . . .	60	—
Vache laitière. . . .	60	—
Porc d'engrais. . . .	45	—
Cheval et mulet. . .	30	—
Mouton.	20	—
Veau.	35	—

Déterminer la dépense en sel que ferait chacun de ces animaux pendant une semaine, un mois et un an, le sel valant
15 fr. les 100 kilog.

P. 617. — Le plâtre pulvérisé, cuit ou cru, répandu sur les
feuilles des légumineuses ou directement sur le sol, est très-utile
à la végétation de ces plantes; il s'emploie à raison de 250 kilog.
en moyenne par hectare; sa valeur moyenne étant de 2^f,25 les
100 kilog., on demande à quel prix s'élèverait la quantité de
plâtre à employer pour une terre, ensemencée en trèfle, de
125 mèt. de longueur sur 110 mèt. de largeur (p. 363).

P. 618. — L'emploi des fumiers à l'état frais offre le double
avantage de donner une fumure à effets plus durables et un vô-
lume plus considérable ; car, le fumier, après six mois de mise
en tas, perd 34 p. °/₀ de son volume, sans tenir compte de
l'évaporation des gaz. Dans cette hypothèse, on demande quelle
serait la perte éprouvée par un agriculteur sur le fumier produit en un an par un attelage de deux bœufs d'un poids total
de 750 kilog. (p. 600), ce fumier ayant été mis en tas six mois
avant d'avoir été répandu sur le sol, cette perte évaluée en kilogrammes et mètres cubes (p. 604).

P. 619. — 1000 kilog. de fumier ordinaire renferment

4^{kg},400 d'azote, et la fougère desséchée à l'air en contient en moyenne 2,20 p. °/₀; combien faudrait-il de fougères desséchées pour remplacer l'azote de 4 500 kilog. de fumier ?

P. 620. — L'azote contenu dans les matières animales ou végétales vaut 1^f,50 le kilogramme. D'après cette donnée, calculer la valeur de 100 kilog. de guano, l'azote entrant dans sa composition pour 20 p. °/₀.

P. 621. — Combien devrait-on payer 835 kilog. de guano, l'azote étant compris pour 20 p. °/₀ dans la composition du guano?

P. 622. — Calculer la valeur d'un mètre cube de fumier, contenant 4,400 d'azote par 1 000 kilog., le mètre cube pesant 750 kilog. et l'azote valant 1^f,50 le kilogramme.

P. 623. — La corne de cheval contenant 14 p. °/₀ d'azote, déterminer la valeur de la corne pouvant remplacer 750 kilog. de fumier.

P. 624. — La colombine, déjections des pigeons, contenant 25 p. °/₀ d'azote, quel est le poids du fumier qui correspondrait, en matières fertilisantes, à 288 kilog. de colombine (p. 619)?

P. 625. — Calculer la valeur de cette colombine (p. 620).

P. 626. — Sachant que l'urine de cheval contient 7,88 p. °/₀ de matières azotées, on demande combien un cheval donnerait de ces matières au bout d'une année, la production journalière d'urine étant de 1^{kg},330, et quelle étendue de prairie on pourrait fumer, l'urine étant assimilée au fumier, quant à la quantité d'azote, sachant que le fumier se répand sur les prairies, à raison de 10 mètr. cubes par hectare (p. 619) ?

P. 627. — L'urine de vache contient 7,01 p. °/₀ de matières azotées et celle de porc, 10,05 p. °/₀; la vache donne 3 627 kilog. d'urine par an et le cochon en donne 544 kilog. Quelle est la quantité de fumier que pourrait remplacer annuellement l'urine de vache et l'urine d'un porc ?

P. 628. — Avec 31 gram. de graine de vers-à-soie on peut obtenir 50 kilog. de cocons ; quel est le poids de la graine nécessaire pour produire 19^{kg},375 de cocons?

P. 629. — Pour fournir un kilog. de cocons, il faut 16^{kg},500 de feuilles de mûrier de bonne qualité. Combien faudrait-il de feuilles de mûrier pour nourrir les vers-à-soie provenant de 31 gram. de graine?

P. 630. — Une ménagère a acheté, pour l'usage de sa maison, 34^{kg},500 de savon, à raison de 82 fr. les 100 kilog.; combien a-t-elle payé au marchand ?

P. 631. — Par la déperdition journalière, l'homme adulte supporte une perte en urine, en excréments et autres excrétions, de 20 gram. d'azote. Pour réparer cette déperdition, il pourrait se nourrir exclusivement de pain, mais alors il faudrait qu'il en consommât 1^{kg},857, tandis qu'en faisant usage de 480 gram. de viande pesée avec les os il ne lui faudrait plus que 570 gram. de pain. Quelle différence de dépense y aurait-il entre ces deux modes d'alimentation, le pain valant 0^f,35 le kilog. et la viande 1^f,20 le kilog. ?

MONNAIES

174. — L'unité monétaire est le FRANC ; conformément à la loi du 7 germinal an XI, le *franc est une pièce de monnaie de cinq grammes d'argent au titre de neuf dixièmes de fin.*

Cette définition n'est exacte que pour la pièce de 5 FRANCS. Les pièces de 2 *francs*, de 1 *franc*, de 50 *centimes* et de 20 *centimes* seront fabriquées désormais au titre de 835 *millièmes. (Lois des 25 mai 1864 et 27 juin 1866.)* Cependant, l'art. 9 de la loi du 27 juin 1866 dispose qu'*il n'est pas dérogé aux dispositions de la loi du 7 germinal an XI, en ce qui concerne* LA DÉFINITION DU FRANC, CONSIDÉRÉ COMME BASE DU SYSTÈME MONÉTAIRE DE FRANCE.

175. — Le *titre* d'une pièce désigne la quantité d'*argent* ou d'*or* qui entre dans l'alliage de cette pièce. Ainsi, en France, les matières d'or et d'argent monnayées, moins les pièces de 2 francs, de 1 franc, de 50 centimes et de 20 centimes, sont au titre de 0,9, c'est-à-dire que l'alliage se compose de 9 *parties* d'argent pur ou d'or pur et d'*une partie* de cuivre.

176. — D'après les lois précitées, les pièces de 2 francs, de 1 franc, de 50 centimes et de 20 centimes sont au titre de 835 millièmes, ou, en d'autres termes, l'alliage de ces pièces se compose de 835 millièmes d'argent fin et de 165 millièmes de cuivre.

177. — Les subdivisions du franc sont :

Le *décime*, ou 0,1 de franc.
Le *centime*, ou 0,01 de franc.
Le *millime*, ou 0,001 de franc.

Le *millime* est une pièce fictive ou de compte; il n'existe pas de monnaie de cette valeur.

178. — Il y a cinq pièces d'argent :

Pièces.	Poids.	Diamètre.
5 *francs*......	25 gram.......	37 millim.
2 *francs*.	10 —	27. —
1 FRANC.	5 —	23 —
50 *centimes*.	2,5 —	18 —
20 *centimes*.	1 —	16 —

179. — Il y a aussi cinq pièces en or :

Pièces.	Poids.	Diamètre.
100 *francs*.........	$32^{gr},258$........	35^{mm}.
50 *francs*.	16, 129.	28 —
20 *francs*.........	6, 452........	21 —
10 *francs*........	3, 226........	19 —
5 *francs*.	1, 613........	17 —

Remarque. — La valeur de l'or, à égalité de poids, est, en France, de *quinze fois et demie* (15,5) celle de l'argent.

180. — La monnaie de cuivre ou de *billon* vaut, à égalité de poids, vingt fois moins que l'argent. Les monnaies de cuivre sont au nombre de quatre :

Monnaies.	Poids.	Diamètre.
10 *centimes*.....	10 gram.	30 millim.
5 *centimes*.....	5 —	25 —
2 *centimes*.....	2 —	20 —
1 *centime*.......	1 —	15 —

181. — Remarque. — Les effigies des pièces d'or et d'argent, frappées sous le même souverain, sont placées dans le sens contraire. Si, sous un règne, l'effigie des pièces d'argent est tournée vers la droite, celle des pièces d'or est tournée vers la gauche.

182. — Les monnaies d'argent et de cuivre pourraient, à la rigueur, remplacer les poids. C'est ainsi que 4 pièces de 5 francs représentent l'*hectogramme* ; 2 pièces de 5 francs le *demi-hectogramme* ; la pièce de 2 francs ou celle de 10 centimes peut remplacer le *décagramme,* et la pièce de 20 centimes ou celle de 1 centime représente le poids d'*un gramme.*

APPLICATION

P. 632. — Un gramme d'argent monnayé vaut $0^f,20$; trouver la valeur de 100 gram. d'argent, de 200 gram., de 500 gram. et de 1 000 gram. de la même monnaie.

P. 633. — L'argent monnayé, propre à la fabrication des pièces de 5 fr., se composant (175) de 0,9 en poids d'argent pur et de 0,1 de cuivre, déterminer la quantité d'argent pur et la quantité de cuivre contenues dans 500 gram. d'argent monnayé ; quelles sont les mêmes quantités contenues dans une pièce de 5 fr. ?

P. 634. — L'or monnayé est composé, comme l'argent, de 0,9 d'or pur et de 0,1 de cuivre ; on désire connaître le poids du cuivre qui entre dans un lingot d'or monnayé du poids de $1^{kg},043$.

P. 635. — Quelle est la quantité de cuivre que renferme un lingot d'argent monnayé de 4 kilog. destiné à la fabrication de pièces de 2 fr., de 1 fr., de $0^f,50$ et de $0^f,20$ (176) ?

P. 636. — Combien faudrait-il ajouter de cuivre à 360 gram. d'argent pur pour le monnayer aux fins de la fabrication de pièces de 5 fr., et quelle serait la valeur de l'alliage ?

P. 637. — Quelle est la quantité de cuivre qu'il faudrait ajouter à 450 gram. d'or pur pour le monnayer, et quelle serait la valeur de l'alliage?

P. 638. — On a une masse d'argent monnayé de 4^{kg},500; quelle serait la valeur du même poids en monnaie de billon (180)?

P. 639. — A égalité de poids, l'or vaut 310 fois plus que la monnaie de billon; quelle serait la valeur en monnaie de billon que représenteraient 1 240 fr. en or?

P. 640. — Combien faudrait-il ajouter de cuivre à 6^{kg},680 d'argent pur pour le transformer en argent monnayé propre à la fabrication des pièces de 2 fr., 1 fr., 0^f,50 et 0^f,20?

P. 641. — Quel est le poids respectif des pièces en argent de 1 fr., 2 fr., 5 fr., et combien faut-il de chaque espèce de ces pièces pour composer le poids de 500 gram.?

P. 642. — Quel est le poids respectif des pièces en or de 5 fr., 10 fr., 20 fr., 50 fr. et 100 fr.?

P. 643. — Quel est le poids d'une pièce de cuivre de 1 centime, de 5 centimes et de 10 centimes, et combien faudrait-il de chaque espèce de ces pièces pour composer un poids d'un décagramme, d'un hectogramme, d'un demi-kilogramme et d'un kilogramme?

P. 644. — En France, l'or monnayé, à égalité de poids, vaut 15,5 fois l'argent; en Angleterre, 14,28; en Belgique, 15,79; en Espagne, 15,75; en Russie, 15; en Portugal, 15,48.

De ces différentes données, déterminer la valeur, en argent français, d'un kilogramme d'or monnayés de ces diverses puissances?

P. 645. — Combien recevrait-on de grammes d'or anglais monnayé en échange de 4 284 gram. d'argent monnayé français; quelle serait la valeur de cet or en France et quel bénéfice réaliserait-on sur l'échange?

P. 646. — Déterminer la valeur en argent français et anglais d'un lingot d'or monnayé de 2^{kg},500, et dire combien gagnerait un Anglais qui échangerait ce lingot contre de l'argent français?

P. 647. — Quelle somme d'argent français donnerait-on en échange de 100 fr. d'or belge, espagnol, russe et portugais?

P. 648. — Quelle différence existe-t-il en valeur entre 1 000 gram. d'or français et 1 000 gram. d'or russe, cette valeur étant calculée suivant le problème 644?

P. 649. — Évaluer les revenus budgétaires de toute nature de l'Angleterre en livres sterling de 25 fr., ces revenus étant de 1 636 932 100 fr.

P. 650. — Quels sont en francs les revenus budgétaires de la France, ces revenus étant représentés par 73 829 346 livres sterling ?

P. 651. — Quelle est la valeur, en florins d'Allemagne de 2^f,15, des 110 000 000 d'hectolitres de froment récoltés annuellement en France, à raison de 21^f,50 l'hectolitre ?

P. 652. — Préciser la valeur, en florins d'Autriche de 2^f,65, des 23 500 000 hectol. de seigle produits chaque année par l'agriculture française, sachant qu'ils sont estimés 373 650 000 fr.

P. 653. — La France récolte 8 000 000 d'hectolitres de maïs, cotés 13 fr. chacun; combien vaudrait cette récolte en thalers allemands de 3^f,75 ?

P. 654. — L'avoine française donne un revenu annuel de 403 200 000 fr.; quel serait ce même revenu évalué en rixdalers de Danemark de 2^f,80?

P. 655. — En France, la culture produit 96 000 000 d'hectolitres de pommes de terre, d'une valeur de 288 000 000 de fr.; quelle serait cette valeur en roubles de Russie de 4 fr. ?

P. 656. — Le réal d'Espagne vaut 0^f,25; combien faudrait-il de réaux pour payer les 48 000 000 d'hectol. de vin produits annuellement par le sol français, la barrique de 200 litres étant cotée 50 fr. ?

P. 657. — L'écu romain vaut 5^f,45; déterminer, en écus romains, la valeur de la récolte française en légumes, ces derniers étant représentés par 3 460 000 hectol., et l'hectolitre étant coté, en moyenne, 16^f,35.

P. 658. — Le territoire français livre à la consommation pour 189 000 000 de fr. de farineux; à quel nombre de dollars d'Amérique de 5^f,40 correspond cette somme ?

P. 659. — Que coûtait le caveau de Sara, sachant qu'Abraham le paya 400 sicles, le sicle valant environ 1^f,60 ?

P. 660. — Les frais d'un hectolitre de blé battu au moyen du fléau reviennent à 1^f,50 et les grains écrasés sont évalués à 1^f,50 ; quel bénéfice réaliserait un fermier dont la récolte en grains, battue au fléau, est représentée par 104 hectol., s'il employait la batteuse à vapeur, qui n'écrase aucun grain, sachant que, battu de cette dernière manière, l'hectolitre de grains revient, tous frais compris, à 1 fr. ?

P. 661. — Calculer la perte occasionnée par le battage au fléau (8 litres par hectolitre) sur les 1 220 000 hectol. de froment récoltés dans le département de la Dordogne, sur les 67 100 hectol. de méteil, les 212 000 hectol. de seigle produits annuellement, le froment valant 20 fr. l'hectolitre, le méteil 16 fr. et le seigle 12 fr.

P. 662. — Trouver la valeur de cette même perte pour la France entière, sa récolte en froment étant de 110 000 000 d'hectol., et celle en seigle de 23 500 000 hectol.

P. 663. — On demande combien on nourrirait d'individus pendant un an avec l'économie qui résulterait du battage à la vapeur sur le battage au fléau, toutes choses d'ailleurs étant égales aux données des problèmes 662, 631, 554, 553.

P. 664. — Un menuisier a gagné 72 fr.; sachant qu'il a été payé sur le pied de 2^f,25 par jour, on demande combien il a employé de journées.

P. 665. — Le manœuvre maçon et le manœuvre servant reçoivent, le premier 1^f,50, et le second 1^f,40 par journée de 10 heures de travail effectif; quelle serait la différence de leur salaire après 45 journées de travail?

P. 666. — L'ouvrier tailleur de pierre est payé à raison de 2 fr. par jour et le poseur à raison de 2^f,50; combien a coûté une bâtisse à la construction de laquelle un tailleur de pierre a employé 105 journées, et le poseur 72 journées?

P. 667. — Un ouvrier terrassier a reçu, au bout de 45 journées de travail, la somme de 67^f,50; quel est le prix de la journée?

P. 668. — Un peintre a travaillé du lundi 4 mai au 4 juin inclusivement à la décoration d'une maison; quel sera son salaire, la journée étant payée 2^f,25, sachant qu'il n'a pas été occupé les dimanches?

P. 669. — Une voiture à un cheval conduite par un homme gagne 5 fr. par journée de 10 heures; pendant combien de jours a été employée cette voiture, sachant que le conducteur a reçu 275 fr. pour le transport de matériaux?

P. 670. — Un attelage de deux chevaux peut gagner par jour 9 fr., salaire du conducteur compris; combien recevrait le conducteur après 64 journées de travail?

TABLEAU

INDIQUANT LE TAUX DE L'INTÉRÊT DE L'ARGENT PLACÉ EN RENTES SUR L'ÉTAT

AUX COURS CI-DESSOUS ÉNONCÉS

3 p. 100		4 p. 100		4 1/2 p. 100	
COURS	TAUX	COURS	TAUX	COURS	TAUX
60f	5f,00	75f	5f,33	80f	5f,67
61	4,94	76	5,26	81	5,60
62	4,88	77	5,19	82	5,53
63	4,81	78	5,13	83	5,47
64	4,73	79	5,07	84	5,41
65	4,65	80	5,00	85	5,34
66	4,57	81	4,94	86	5,28
67	4,49	82	4,88	87	5,22
68	4,42	83	4,82	88	5,15
69	4,35	84	4,76	89	5,07
70	4,28	85	4,70	90	5,00
71	4,22	86	4,65	91	4,94
72	4,16	87	4,59	92	4,89
73	4,10	88	4,54	93	4,83
74	4,05	89	4,49	94	4,78
75	4,00	90	4,44	95	4,73
76	3,94	91	4,39	96	4,68
77	3,89	92	4,34	97	4,63
78	3,84	93	4,30	98	4,59
79	3,79	94	4,25	99	4,54
80	3,75	95	4,21	100	4,50
81	3,70	96	4,16	»	»
82	3,66	97	4,12	»	»
83	3,61	98	4,08	»	»
84	3,57	99	4,04	»	»
85	3,52	100	4,00	»	»
86	3,48	»	»	»	»
87	3,44	»	»	»	»
88	3,40	»	»	»	»
89	3,37	»	»	»	»
100	3,00	»	»	»	»

P. 671. — Un propriétaire voudrait placer à intérêt un capital de 6 308 fr.; mais, dans l'indécision de le prêter à 5 p. °/₀ l'an ou d'acheter des rentes 3 °/₀ au taux de 66 fr., ou des rentes 4ᶠ,50 au taux de 95 fr., il demande quel est le placement le plus avantageux (92).

P. 672. — Combien aurait-on de rente 4 1/2 p. °/₀ au taux de 93ᶠ,50 pour la somme de 9 443ᶠ,50 ?

P. 673. — Un rentier jouit d'une rente annuelle de 454ᶠ,50 ; quelle somme d'argent recevrait-il s'il vendait cette rente lorsque le 4 1/2 p. °/₀ est au taux de 95 fr. ?

P. 674. — Ferait-on mieux d'acheter de la rente 3 p. °/₀ au taux de 66ᶠ,90 que d'acheter de la rente 4 1/2 au taux de 93ᶠ,40 ? — Quel est l'achat qu'on doit préférer et quel est le bénéfice qu'on réaliserait sur le taux le plus avantageux, si on convertissait en rente 5 248ᶠ,46 ?

P. 675. — A quelle rente a été placée la somme de 2 004 fr. sachant qu'au cours de 66ᶠ,80 elle a produit 90 fr. d'intérêt?

P. 676. — Quelle somme d'intérêts recevrait-on si on plaçait, à intérêt simple, un capital de 2 525 fr. pendant 4 ans, au taux de 5 p. °/₀?

P. 677. — Combien recevrait-on d'intérêts pour la somme de 725ᶠ,50, placée pendant 15 mois au taux de 5 p. °/₀?

P. 678. — Un commerçant a prêté, pendant 2 ans et 5 mois, 1 250 fr. au taux de 6 p. °/₀ ; quelle somme d'intérêts recevra-t-il au bout de ce temps ?

P. 679. — Une facture s'élève à la somme de 325ᶠ,90 ; à quel chiffre se réduit cette somme, payée comptant, déduction faite de l'escompte à 3 p. °/₀?

P. 680. — Quelle est la valeur actuelle d'un billet à ordre de 520 fr. payable à 3 mois de sa date, l'escompte prélevé étant de 6. p. °/₀?

P. 681. — Quel est l'escompte que retiendrait un banquier sur un billet à ordre de 520 fr., payable à 2 mois de sa date (92) ?

P. 682. — Un banquier a reçu en négociation deux traites payables, savoir : la première, d'une valeur de 175 fr., dans 2 mois ; et la seconde, d'une valeur de 220 fr., dans 90 jours ; combien a-t-il retenu d'escompte (92) ?

P. 683. — Quel est le capital qui, au bout de 5 ans, a produit, au taux de 6 p. %, un intérêt de 64^f,65 ?

P. 684. — Quelle est la somme qui, placée au taux de 5 p. % pendant 4 ans, a produit un intérêt de 103^f,05 ?

P. 685. — Au bout de 42 mois, 125 fr. ont produit 26^f,25 ; à quel taux a été placée cette somme ?

P. 686. — A quel taux a été placé le capital de 450 fr. pour donner, en 3 ans 9 mois, un intérêt de 101^f,25 ?

P. 687. — Pendant combien de temps est restée placée la somme de 324 fr. pour produire un intérêt de 40^f,50 au taux de 5 p. % ?

P. 688. — Quelle somme prélèvera le receveur d'enregistrement sur la vente d'un immeuble de 8 750 fr., les droits d'enregistrement étant de 5^f,50 p. 100 fr., augmentés de leur dixième et demi (3/20) ?

P. 689. — Un propriétaire a donné un domaine à bail à ferme pour 9 années consécutives, moyennant la somme annuelle de 1 250 fr. ; à quelle somme se sont élevés les droits d'enregistrement, sachant que ces droits sont perçus sur le prix cumulé de toutes les années, à raison de 0^f,20 par 100 fr., ces droits augmentés de leur dixième et demi ?

P. 690. — Sur un bail à loyer de 6 ans, le receveur d'enregistrement a perçu, pour droits de 0^f,20 par 100 fr., augmentés de leur dixième et demi, la somme de 3^f,45 ; quel est le prix annuel du bail ?

P. 691. — S'il est stipulé dans l'acte de bail que le preneur (le fermier), payera les impôts fonciers, les droits ordinaires d'enregistrement (689) doivent être augmentés de leur quart ; dans cette hypothèse, à combien s'élèveraient ces droits, un bail étant fait pour 5 ans et le prix annuel étant de 175 fr. ?

P. 692. — Deux propriétaires ont fait un échange d'immeubles de même valeur, d'un revenu annuel de 125^f,75. Quels seraient les droits à payer à l'enregistrement, ces droits étant de 2^f,50 p. % augmentés de leur dixième et demi, liquidés sur la valeur en capital d'un des immeubles, cette valeur se calculant en multipliant le revenu par 20, sans distraction des charges ?

P. 693. — Si, dans un échange, il y a retour ou plus-value, les droits d'enregistrement se calculent sur la moindre part, comme au problème 692, augmentés du droit de vente (6^f,325

p. %) perçu sur le retour ou la plus-value. Combien payerait-on d'enregistrement pour un acte d'échange dont l'immeuble de moindre valeur donne un revenu annuel de 75 fr. et dont le retour est de 425 fr. ?

P. 694. — Une vente publique de meubles s'est élevée à la somme de 1 273ᶠ,50 ; déterminer les droits d'enregistrement, ces droits étant de 2 p. % augmentés de leur décime et demi.

P. 695. — Combien payerait-on de droits d'enregistrement sur une obligation de 950 fr., ces droits étant de 1 p. %, augmentés de leur dixième et demi ?

P. 696. — Une prairie de 2ʰᵃ,40 a été vendue une certaine somme calculée sur le revenu net (p. 591, 610, 611) du foin, qui est présumé être de 3ᶠ,35 pour 100 francs de capital ; quel est le prix de vente de cette prairie ?

P. 697. — Une prairie a donné un revenu brut de 254ᶠ,70 (p. 610, 611) ; quelle est l'étendue de cette prairie et quelle est la valeur de l'hectare, cette valeur étant calculée sur le revenu net qui est de 3ᶠ,35 p. % du capital employé à l'achat du fonds ?

P. 698. — Combien payerait-on une terre labourable de 3ʰᵃ,2550, sachant que le produit net s'élève à 50ᶠ,25 par hectare et supposant que le propriétaire veuille la vendre à raison de 4 fr. p. % du revenu net ?

P. 699. — Une terre labourable de 65ᵃ,85 a donné en froment un revenu calculé à raison de 15ᵏˡ,5 par hectare. Sachant que les frais de culture s'élèvent en moyenne à 175 fr. par hectare et que le froment vaut 20 fr. l'hectolitre, quel est le produit net de cette terre ?

P. 700. — D'après les données du problème précédent, déduire la valeur de cette même terre à 4 p. % du revenu net.

P. 701. — On appelle *intérêt composé* l'intérêt de l'intérêt capitalisé. Dans les questions de ce genre, l'intérêt s'ajoute annuellement au capital prêté, de manière que le capital est remboursé, augmenté de l'intérêt des intérêts. Ces questions se résolvent suivant la règle générale ci-après : *on multiplie le capital placé à intérêts composés par l'unité augmentée de l'intérêt de 1 fr. pendant un an, ce facteur élevé préalablement à une puissance déterminée par le nombre des années du placement.* Dresser un tableau figuratif du facteur 1,05 (intérêt à 5 p. %) élevé à la 15ᵉ puissance.

7.

P. 702. — Combien vaudrait 2 300 fr., placés à intérêts composés, au taux de 5 p. %, pendant 5 ans, 10 ans et 15 ans ?

P. 703. — Un architecte a dressé le plan et le devis estimatif d'une construction s'élevant à 7 450ᶠ,50, et il a suivi les travaux jusqu'au règlement de leur réception ; il a reçu pour honoraires 5 p. % du montant du capital ; quelle somme lui a-t-on comptée ?

P. 704. — Si cet architecte avait fourni le plan et le devis seulement, il aurait eu droit à 2,5 p. % du prix auquel les dépenses auraient été évaluées ; combien aurait-il reçu pour l'exécution du plan de la construction précédente ?

P. 705. — Combien recevrait un architecte chargé de la direction de travaux dont les plans et devis ont été dressés par un autre, sachant qu'il lui est alloué une indemnité de 2,5 p. % et que ces travaux ont atteint le chiffre de 12 417 fr. ?

P. 706. — Pour toisage et vérification d'ouvrages, il appartient à l'architecte 6 fr. par vacation de quatre heures ou 1,5 p. % du montant des dépenses auxquelles peuvent être évaluées toutes espèces de travaux réglés. Évaluer, dans ces deux cas, l'indemnité à payer à un architecte qui a toisé et vérifié les ouvrages d'une construction s'élevant à la somme de 1 225 fr., sachant qu'il a employé à ce travail trois vacations de quatre heures chacune ?

P. 707. — Pour vérification du toisé seulement, sans règlement des prix, il appartient au toiseur-vérificateur 4 fr. par vacation de quatre heures et 2 fr. par lieue de déplacement. Combien recevrait un toiseur-vérificateur qui se transporterait à 6 kilom. pour vérifier des travaux de construction, sachant qu'il a employé une vacation de quatre heures ?

P. 708. — Un architecte, commis par un tribunal pour procéder à l'expertise de faits imparfaitement établis, reçoit, par chaque vacation de trois heures, en opérant où il est domicilié, ou à la distance de deux myriamètres, une allocation de 6 fr. Que payerait-on à un architecte qui aurait été appelé à titre d'expert à une lieue de poste de son domicile et dont la vacation aurait duré 10 heures ?

P. 709. — Un simple artisan ou laboureur aurait droit à la moitié seulement du prix alloué à l'architecte. Dire, suivant la donnée du problème précédent, combien aurait reçu un expert artisan ou laboureur ?

P. 710. — Quel est le prix d'un attelage de 2 bœufs pesant chacun 349 kilog., sachant que, poids vivant, ils valent 0^f,60 le kilogramme ?

P. 711. — Combien payerait-on une vache de 238 kilog., sachant que, poids vivant, elle vaut 0^f,55 le kilogramme ?

P. 712. — Que coûteraient 36 planches travaillées, de 2 mèt. de longueur sur 0^m,32 de largeur, à 0^f,50 les 4 mèt. superficiels ?

P. 713. — Pour planches travaillées et posées, le menuisier reçoit 0^{f}25 par mètre superficiel ; combien payerait-on pour le travail et la pose des planches d'une chambre de 6^m,65 de longueur et 4^m,33 de largeur ?

P. 714. — Les moutons communs fournissent en viande 53 p. % de leur poids ; on demande quelle serait la quantité de viande fournie par un mouton pesant 35 kilog. sur pied, et à combien reviendrait le kilogramme de viande si, poids vivant, ce mouton était vendu à raison de 0^f,60 le kilogramme ?

P. 715. — En Algérie, un hectare de terrain, cultivé en coton, donne une récolte d'une valeur moyenne de 3 500 fr. ; quel est ce rendement en kilogrammes, les 100 kil. de coton non égrené étant au prix de 184 fr. ?

P. 716. — A combien reviendrait la suie nécessaire pour l'engrais d'une terre triangulaire argileuse de 124^m,50 de base sur 76^m,80 de hauteur, la suie s'employant dans la proportion de 20 hectol. par hectare et sa valeur étant de 1^{f}05 l'hectolitre ?

P. 717. — Une ménagère a acheté 4^{ks},500 d'huile pour quinquet, à raison de 1^f,50 le kilogramme, et 5 kilog. de chandelles de suif, à raison de 1^f,40 le kilogramme ; quel est le montant de son emplette ?

P. 718. — Une blanchisseuse a acheté les articles suivants : 27^{ks},500 de savon, à 1^f,10 le kilogramme, et 5^{ks},750 d'amidon, à 1^f,05 le kilogramme ; combien a-t-elle payé ?

P. 719. — Un marchand épicier a vendu ce qui suit : 0^{ks},125 de poivre, à 2^f,20 le kilogramme ; 0^{ks},050 de vermicelle, à 1^f,05 le kilogramme, et 0^{ks},750 d'amandes à coque tendre, à 1^f,50 le kilogramme ; quelle est l'importance de sa vente ?

P. 720. — Pour 7^{kg},200 de lard salé, on a payé 12^f,96, et pour 12^{kg},050 de café Costa-Rica, 36^f,15 ; à combien revient le prix du kilogramme de chacune de ces marchandises ?

P. 721. — A 1^f,20 le paquet de 5 bougies pesant net 0^{kg},440, quel est le poids d'une bougie et quelle est la valeur du kilogramme de bougies ?

P. 722. — Pour monter son ménage, Louis a acheté les ustensiles de cuisine dont le détail suit : 18 fourchettes et 18 cuillers en fer battu, à 2^{f}40 la douzaine ; 24 assiettes à calotte en porcelaine opaque, à 0^f,175 ; 3Q assiettes plates, en même porcelaine, à 2^f,10 la douzaine ; 18 assiettes à dessert, à 2^f,25 la douzaine ; à quel chiffre s'est élevé cet achat ?

P. 723. — En moyenne, la régie tolère 36 000 plants de tabac par hectare, représentant un poids de 1 250 kilog. Quel serait le prix du tabac produit par un terrain de 40 ares, ce tabac, présumé de première qualité, à raison de 130 fr. les 100 kilog. ?

P. 724. — Quelle serait la valeur du rendement en tabac d'une terre de 60 ares, le tabac présumé de deuxième qualité et valant 100 fr. les 100 kilog. (p. 723) ?

P. 725. — Le tabac de troisième qualité est payé par la régie 80 fr. les 100 kilog. ; quelle serait la valeur de la production d'un champ de tabac de 75 ares ?

P. 726. — Chaque pied pouvant avoir au plus 9 feuilles, on désirerait savoir le poids moyen des feuilles d'un pied de tabac et à quelle distance chaque pied est planté (p. 723).

P. 727. — Sachant que le terrain destiné à la culture du tabac doit recevoir, par hectare, trois labours, de chacun 2 journées 1/2 de 8 heures de 2 bœufs, à 6 fr. la journée, on demande à quel chiffre s'élèveront les frais de labourage d'un terrain de 35 ares.

P. 728. — Aux trois labours dont il est parlé dans le problème précédent, il faut ajouter une fumure calculée sur 60 000 kilog. par hectare ; quel serait le prix de revient d'un terrain de 35 ares, fumé et labouré comme il est dit (p. 727), le fumier valant 3^f,50 le mètre cube ?

P. 729. — On désirerait savoir combien coûterait la récolte d'un terrain d'un hectare, cultivé en tabac, sachant qu'on lui a donné 3 labours (p. 727), une fumure de 600 quintaux métriques et qu'il a fallu 20 journées d'hommes de dix heures à 1ᶠ,50 l'une.

P. 730. — Déterminer le revenu net d'une terre de 40 ares cultivée en tabac, les données étant basées sur les problèmes 729, 723 à 725?

P. 731. — Quelle serait la production en lentilles d'un champ de terre de forme circulaire ayant 20 mèt. de rayon, sachant que le rendement moyen est de 10ʰˡ,50 par hectare et que l'hectolitre de lentilles vaut 60 fr.?

P. 732. — Une prairie exclusivement ensemencée de pâturin, outre 2 500 kilog. de foin sec par hectare, produit encore 1 500 kilog. de regain; quelle est la différence de rendement entre cette prairie et les prairies ordinaires, le pâturin valant 72 fr. les 1 000 kilog. (p. 611)?

P. 733. — L'ivraie d'Italie donne en moyenne 9 000 kilog. de fourrage sec par hectare en 7 ou 8 coupes; calculer la récolte d'une terre semée en ivraie d'Italie, cette terre ayant la forme d'un parallélogramme de 230 mèt. de longueur sur 112 mèt. de largeur, l'ivraie valant 72 fr. les 1 000 kilog.

P. 734. — Cultivée en ray-grass d'Angleterre, dont la production moyenne est de 5 500 kilog. par hectare, quelle serait la valeur de cette même terre (p. 733) à 72 fr. les 1 000 kilog.?

P. 735. — Quel serait le revenu en luzerne d'une terre trapézoïdale dont la base supérieure aurait 125 mèt., la base inférieure 95 mèt. et la hauteur 84 mèt., la production moyenne étant de 8 500 kilog. par hectare, la luzerne étant d'une valeur de 80 fr. les 1 000 kilog.?

P. 736. — Quelle serait la récolte, en trèfle rouge commun, d'une terre rectangulaire de 48ᵐ,50 de longueur sur 34ᵐ,25 de largeur, le rendement moyen étant de 5 000 kilog. par hectare, sachant que 1 000 kilog. de trèfle valent 85 fr.?

P. 737. — Combien payerait-on pour le hersage d'une terre de 120 mèt. de longueur sur 92 mèt. de largeur, les calculs étant basés sur les données du problème 366, et sachant d'ailleurs que la journée d'un attelage de bœufs de 8 heures de travail vaut 6 fr., salaire du conducteur compris?

P. 738. — Serait-il plus économique de faire herser la terre du problème précédent par un attelage de 2 chevaux? — Quelle serait la différence en faveur de ces derniers (p. 358)?

P. 739. — Calculer, suivant les données du problème 469, la valeur du plâtre à employer sur un terrain de 50 ares et la plus-value de la récolte, l'hectolitre de froment valant 20 fr.?

P. 740. — Que coûterait un escalier de 42 marches en bois de chêne, avec le limon en noyer ou en chêne, de 0^m,90 de largeur, à raison de 6^f,75 la marche ?

P. 741. — Trois associés ont mis dans une entreprise de 42 638 fr., savoir : le premier, 15 617 fr.; le deuxième, 14 930 fr., et le troisième, 12 091 fr.; en fin d'entreprise, il s'est trouvé un bénéfice de 2 131^f,90 ; combien revient-il à chacun ?

P. 742. — Deux négociants ont placé dans une industrie commune, le premier, 6 530 fr. pendant 4 ans, et le deuxième, 13 060 pendant 2 ans ; ils ont gagné 1 567 fr.; que revient-il à chacun ?

APPENDICE

—

NOMBRES COMPLEXES

—

PRÉLIMINAIRES

1. — On appelle *nombres complexes* des nombres tels que leurs multiples et leurs sous-multiples ne sont pas assujettis aux règles du système décimal, mais bien à celles du *système duodécimal* (calcul dont le nombre fondamental est 12). C'est ainsi que le jour a été divisé en 24 heures (2 fois 12), l'heure en 60 minutes (5 fois 12), la minute en 60 secondes (5 fois 12), l'année en 12 mois; que le cadran d'une pendule contient 12 divisions; que le cercle vaut 360 degrés (30 fois 12); que le pied vaut 12 pouces et le pouce 12 lignes, etc., etc.

2. — Il sera parlé seulement, dans cet appendice, des mesures anciennes que l'usage a encore conservées.

MESURES DE LONGUEUR

3. — La BRASSE est une longueur de 6 *pieds* ou 2 mètres; le mètre est donc la moitié de la *brasse*.

4. — Le PIED est une longueur de $0^m,33$ 1/3; il vaut 12 *pouces* et 144 *lignes.*

5. — Le POUCE vaut 12 *lignes* ou $0^m,027$ 7/9.

6. — La LIGNE vaut $0^m,002$ 17/54.

7. — L'AUNE est une mesure ancienne de $1^m,20$ de longueur; elle se divise en *demi-aune,* en *quart d'aune,* en *huitième d'aune,* ou *demi-quart,* etc.

8. — La *demi-aune* a $0^m,60$ de longueur.

9. — Le *quart d'aune* a une longueur de $0^m,30$.

10. — Le *demi-quart d'aune* vaut $0^m,15$.

APPLICATION

P. 1. — Un enclos, de forme triangulaire, se compose de trois murailles, dont la première a 25 brasses 1/2, la seconde 22 brasses 1/2, et la troisième 26 brasses. Quelle est la longueur en mètres de ces murailles?

P. 2. — Quelle est en brasses la longueur de l'hectomètre, du kilomètre et du myriamètre?

P. 3. — Quelle est la longueur en brasses du contour de la terre, qui est de 40 000 000 de mètres?

P. 4. — Combien y a-t-il de pieds dans un décamètre, un hectomètre et un kilomètre?

P. 5. — Deux arbres ont chacun 45 pieds; quelle est leur longueur en mètres?

P. 6. — On veut couvrir en planches un canal qui a 36 brasses 1/2 de longueur; combien faudra-t-il employer de planches de 6 pieds de longueur et de largeur convenable?

P. 7. — Une table a 45 pouces de largeur; quelle est cette largeur en centimètres?

P. 8. — Combien y a-t-il de lignes dans $0^m,231$ 13/27?

P. 9. — Quel serait le prix de 8^m,40 de toile de coton à 1^f,50 l'aune ?

P. 10. — On a donné, pour 24 aunes de drap, 432 fr.; quel est le prix du mètre ?

P. 11. — Pour 2 aunes 1/2 de cadis, on a payé 15 fr.; combien payerait-on 2^m,50 de ce cadis ?

P. 12. — On a vendu 25 aunes 3/4 de toile, à raison de 2^f,50 le mètre ; quel est le montant de cette vente ?

P. 13. — Un demi-quart (1/8) de taffetas a coûté 0^f,75 ; quel serait le prix d'une aune et d'un mètre ?

P. 14. — Une pièce de toile, composée de 75 mèt., a été vendue sur le pied de 2^f,10 l'aune ; quelle est la valeur de cette toile ?

P. 15. — On désirerait doubler 10 aunes 3/4 d'étoffe avec de la lustrine de la même largeur ; combien faudrait-il de mètres de lustrine, et combien coûterait-elle à raison de 1^f,05 le mètre ?

P. 16. — Un scieur de long reçoit 0^f,15 par chaque pied courant de soliveaux débités à la scie, de 7 pouces sur 4 pouces d'équarrissage ; combien recevrait cet ouvrier s'il débitait 14 pièces de bois de chêne de cet équarrissage et de 12 pieds de longueur?

MESURES DE SURFACE

PRÉLIMINAIRES

11. — La BRASSE CARRÉE est une surface carrée d'*une brasse* (2 m.) de côté.

12. — Le *pied carré* est une surface carrée d'*un pied* (0^m,33 1/3) de côté ; la brasse carrée en contient 36.

13. — Le *pouce carré* est une surface carrée d'*un pouce* (0^m,027 7/9) de côté ; il est la 144e partie du pied carré.

14. — La *ligne carrée* est une surface carrée d'*une ligne* (0^m0,002 17/54) de côté; elle est la 144e partie du pouce carré.

15. — On appelle *pied-pouce* une surface rectangulaire d'*un pied de longueur* et d'*un pouce de largeur*; 12 pieds-pouces font *un pied carré*, et 432 pieds-pouces font *une brasse carrée*.

16. — Le *pied-ligne* est une surface rectangulaire d'*un pied de longueur* et d'*une ligne de largeur*; le pied-pouce vaut 12 pieds-lignes; le pied carré vaut 144 pieds-lignes.

Nota. — Dans le commerce, on entend par pouce et ligne le pied-pouce et le pied-ligne.

APPLICATION

P. 17. — Quelle est la surface métrique d'une brasse carrée?

P. 18. — Quelle est la surface métrique de 25 brasses carrées?

P. 19. — Quelle est la surface métrique d'un pied carré, d'un pouce carré et d'une ligne carrée?

P. 20. — Quelle est la surface métrique d'un pied-pouce et d'un pied-ligne?

P. 21. — Exprimer en brasses carrées et en parties de brasses carrées les longueurs suivantes, savoir : 43 mèt. carrés, 66 mèt. carrés et 72 mèt. carrés?

P. 22. — Quelle est la surface totale des surfaces partielles suivantes : 124 pieds-pouces et 172 pieds-lignes?

P. 23. — Le plancher d'une chambre a 150 pieds carrés de surface; quelle est, en mètres, cette même surface?

P. 24. — Sur 34 brasses carrées 6 pieds 5 pouces 10 lignes (V. le *nota* du n° 16), on a vendu 12 brasses carrées 18 pieds 8 pouces 11 lignes; combien reste-t-il encore de brasses à vendre?

P. 25. — Une table avait 15 pieds 6 pouces carrés de surface ; on en a retranché une partie de 7 pieds 8 pouces carrés ; quelle est la surface actuelle de cette table?

P. 26. — Par la confection, la brasse carrée de planches perd une surface de 1 pied carré 9 pouces 7 lignes (ou le 20ᵉ) ; à quelle dimension est-elle alors réduite ?

P. 27. — Combien faut-il employer de lattes par brasse superficielle dans un lattis jointif, sachant que ces lattes ont 4 pieds de longueur et 2 pouces de largeur?

P. 28. — Que coûterait le lattis jointif d'une charpente de 75 pieds de longueur sur 36 pieds de largeur, les lattes dont il est parlé dans le problème précédent ayant une valeur de 0ᶠ,05 ?

P. 29. — Trouver en pieds carrés la surface d'une table rectangulaire qui a 6 pieds 2 pouces de long sur 3 pieds de large.

P. 30. — On demande combien il y a de pieds carrés et parties de pieds carrés dans : 1° 18 pouces carrés 8 lignes carrées ; 2° 21 pouces carrés 10 lignes ; 3° 35 pouces carrés 7 lignes ; 4° 27 pouces carrés 8 lignes.

P. 31. — Le dessus d'une boîte a 63 lignes de superficie, le dessous en a aussi 63 et les quatre côtés ont ensemble 96 lignes ; on veut savoir quelle est la surface totale de cette boîte.

P. 32. — Quel est le nombre de brasses carrées contenues dans quatre pièces de bois qui ont : la 1ʳᵉ, 54 pieds carrés ; la 2ᵉ, 36 pieds carrés 4 pouces ; la 3ᵉ, 38 pieds carrés 5 pouces, et la 4ᵉ, 42 pieds 11 pouces?

P. 33. — Combien y a-t-il de planches de 6 pieds de longueur sur 4 pouces de largeur dans 32 toises carrées?

P. 34. — Quel est le prix de 24 madriers de noyer ayant chacun 10 pieds de long sur 18 pouces de large, à 32 fr. la toise carrée?

P. 35. — Que recevra un scieur de long qui a débité une bille de peuplier en 9 planches de 5 pieds de longueur sur 8 pouces de largeur, le scieur de long recevant 0ᶠ,90 par brasse superficielle ?

P. 36. — Un plancher se compose de 42 planches de 6 pieds de longueur et de 9 pouces de largeur ; quelle est la surface de ce plancher en brasses et pieds carrés ?

P. 37. — Combien y a-t-il de brasses carrées dans 576 planches de 6 pieds de longueur sur 8 pouces de largeur ?

P. 38. — Combien recevra un ouvrier maçon qui a confectionné un mur de 52 toises de longueur et de 6 pieds de hauteur, s'il est payé à raison de 3^f,75 la brasse carrée ?

P. 39. — On veut faire couvrir, en voliges jointives de sapin de 9 pieds de longueur sur 5 pouces de largeur, une maison de 51 pieds de long et de 48 de large ; pour combien d'argent faudra-t-il acheter de ces voliges, le mètre carré valant 0^f,75 ?

MESURES DE VOLUME OU DE SOLIDITÉ

PRÉLIMINAIRES

17. — On appelle PIED CUBE un cube *d'un pied* (0^m,33 1/3) d'arête.

18. — Le *pied cube* se compose de 12 *pieds-pieds-pouces*, de 144 *pieds-pieds-lignes* et de 144 *chevilles de pied cube*.

19. — Le *pied-pied-pouce*, ou pouce par abréviation, est un volume d'*un pied carré* de base et d'*un pouce* d'épaisseur.

20. — Le *pied-pied-ligne*, ou simplement ligne, est un volume d'*un pied carré* de base sur *une ligne* d'épaisseur : 12 pieds-pieds-lignes font un pied-pied-pouce ; 144 pieds-pieds-lignes font 1 pied cube.

21. — La *cheville de pied cube* est un volume d'*un pied* de longueur sur un *pouce carré* de base. Il y en a 12 dans e pouce cube et 144 dans le pied cube.

22. — Le *pouce cube* est un solide d'*un pouce* d'arête. Il est la 12ᵉ partie de la cheville de pied cube, la 144ᵉ partie du pied-pied-pouce, la 1728ᵉ partie du pied cube.

23. — La *brasse cube* est ordinairement un volume d'*une brasse carrée de base* et de *trois pieds* de hauteur, ou, en d'autres termes, c'est un volume de 4 mètres cubes.

24. — La *brasse cube*, appliquée à la mesure du foin, est un volume d'une brasse (6 pieds) d'arête, soit 8 mètres cubes.

APPLICATION

P. 40. — Quel [est le volume en pieds cubes et parties de pied cube de 9 pouces 4 lignes cubes, 11 pouces 8 lignes cubes, 3 pouces cubes, 5 chevilles de pied cube et 4 pouces 10 lignes cubes ?

P. 41. — Quel serait le prix d'une bille équarrie de châtaignier, de 18 pieds de longueur, 15 pouces de hauteur et 10 pouces d'épaisseur, à raison de 47ᶠ,50 le mètre cube ?

P. 42. — Une poutre de chêne doit avoir 15 pieds de longueur ; quel est l'équarrissage à donner à cette poutre, sachant qu'il doit être la 18ᵉ partie de la portée de ladite poutre, et quel serait le prix de cette poutre, le mètre cube valant 56 fr. ?

P. 43. — Quelle différence y a-t-il entre deux troncs d'arbre dont le premier a 45 pieds 4 pouces 11 lignes cubes, et le second 37 pieds 8 pouces 5 lignes cubes ?

P. 44. — Quel est le volume qu'il faudrait ajouter à une poutre qui a 54 pieds 9 pouces 6 lignes cubes pour lui donner une solidité de 58 pieds 5 lignes cubes ?

P. 45. — Quel est le volume de 3 soliveaux, de chacun 12 pieds de longueur, 6 pouces de largeur et 4 pouces d'épaisseur ?

P. 46. — Un ouvrier carrier a extrait un tas de pierres de 19 pieds de longueur, de 4 pieds de hauteur et de 3 pieds de largeur ; quel est le volume de ce tas de pierres en brasses cubes ?

P. 47. — Quelle est l'expression du mètre cube en pieds cubes ?

P. 48. — Quel est le volume de trois pièces de bois, dont la première a 75 pieds 4 pouces 6 lignes cubes, la seconde 18 pieds 9 pouces 7 lignes cubes, et la troisième 25 pieds 4 pouces 11 lignes cubes ?

P. 49. — Combien payerait-on une bille de sapin en grume à raison de 1ᶠ,35 le pied cube, cette bille ayant 42 pieds de longueur et sa circonférence moyenne mesurant 10 pouces de diamètre ?

P. 50. — Par l'équarrissage, la bille du problème précédent s'est réduite de 1/5 de son volume ; on désirerait savoir quel est ce dernier volume ?

P. 51. — Le plus grand équarrissage d'un arbre abattu s'obtient *en mesurant le diamètre du milieu de l'arbre, en carrant ce diamètre et en prenant ensuite la moitié du résultat ; la racine carrée de cette moitié sera le côté du plus grand carré que puisse donner l'arbre équarri à vives arêtes.* Ex. Quel est le côté du plus grand carré possible que donnera une pièce de bois à équarrir prise dans un chêne qui a, au milieu, 18 pouces de diamètre ?

P. 52. — Quel est le prix d'un chêne en grume de 45 pieds de longueur et de 24 pouces de diamètre au milieu, ce chêne étant vendu, équarri à vives arêtes, 54 fr. le mètre cube ?

P. 53. — Une meule de foin a 17 pieds de longueur, 15 pieds de largeur et 8 pieds 6 pouces d'épaisseur ; quel est son volume en brasses cubes et quelle est sa valeur, le mètre cube pesant 75 kilog, et le foin ayant une valeur de 72 fr. les 1 000 kilog. ?

P. 54. — A 3 fr. le pied cube, combien payerait-on 72 planches de bois de chêne de 6 pieds de longueur sur 9 pouces de largeur et un pouce d'épaisseur, et à combien revient le stère ?

P. 55. — Un stère de bois a été débité en planches de 6 pieds de longueur sur 6 pouces de largeur et 1 pouce d'épaisseur ; combien a-t-on obtenu de brasses carrées ?

P. 56. — Le pied cube de plomb pesant 395 kilog., quel est le poids d'une couverture en plomb laminé de 2 lignes d'épaisseur, sachant que cette couverture ou comble plat, de forme carrée, a 12 pieds de côté ?

P. 57. — A 0^f,35 le pied courant, quel est le prix de 43 soliveaux de 12 pieds de longueur, et que coûte le pied cube, ces
soliveaux ayant 0^m,20 $\times$ 0,10 d'équarrissage?

P. 58. — Quel est le volume de cinq pièces de bois de noyer
qui ont, savoir : la première, 6 pieds de longueur sur 13 pouces
d'équarrissage ; la deuxième, 9 pieds de longueur sur 14 pouces
d'équarrissage ; la troisième, 5 pieds de longueur sur 13 $\times$ 14
pouces d'équarrissage ; la quatrième, 9 pieds de longueur sur
13 pouces d'équarrissage, et la cinquième, 7 pieds de longueur
sur 18 $\times$ 15 pouces d'équarrissage?

P. 59. — Combien faut-il de soliveaux pour faire un mètre
cube, sachant que ces soliveaux ont 21 pieds de longueur et
10/20 pouces d'équarrissage?

FIN

TABLE ANALYTIQUE

—

AGRICULTURE

ÉCONOMIE DOMESTIQUE

FIN DE LA TABLE ANALYTIQUE

TABLE DES MATIÈRES

—

PREMIÈRE PARTIE

FIN DE LA TABLE DES MATIÈRES

PARIS — ÉDOUARD BLOT, IMPRIMEUR, RUE TURENNE, 60.